广东省海洋经济
高质量发展的驱动机制
及系统演化研究

宁 凌　宋泽明◎著

中国经济出版社
CHINA ECONOMIC PUBLISHING HOUSE

北 京

图书在版编目（CIP）数据

广东省海洋经济高质量发展的驱动机制及系统演化研究／宁凌，宋泽明著．--北京：中国经济出版社，2022.8

ISBN 978-7-5136-7008-1

Ⅰ．①广… Ⅱ．①宁… ②宋… Ⅲ．①海洋经济-经济发展-研究-广东 Ⅳ．①P74

中国版本图书馆 CIP 数据核字（2022）第 129674 号

责任编辑 　叶亲忠
责任印制 　马小宾
封面设计 　华子图文

出版发行　中国经济出版社
印 刷 者　北京力信诚印刷有限公司
经 销 者　各地新华书店
开　　本　710mm×1000mm　1/16
印　　张　15
字　　数　230 千字
版　　次　2022 年 8 月第 1 版
印　　次　2022 年 8 月第 1 次
定　　价　88.00 元

广告经营许可证　京西工商广字第 8179 号

中国经济出版社 网址 www.economyph.com 社址 北京市东城区安定门外大街 58 号 邮编 100011
本版图书如存在印装质量问题，请与本社销售中心联系调换（联系电话：010-57512564）

序 言

　　随着全球经济快速增长与工业化、城市化进程加快，人口、产业向海洋移动的趋势不断加速，海洋经济已成为我国国民经济的重要支撑，是对外开放的重要载体，是国家经济安全的重要保障，也是未来发展的战略空间。海洋作为高质量发展战略要地，在面对当前国际需求乏力、风险加大的新格局背景下，海洋经济可充分发挥作为国内国际双循环新发展格局的重要支撑作用。

　　作为我国沿海省份之一，广东省是海洋经济大省，其海洋生产总值连续27年位居全国第一。在"十三五"期间，广东省积极响应国家号召，提出建设海洋强省的战略目标，以海洋经济高质量发展为动力，推动广东省完成从"海洋大省"向"海洋强省"的历史性转变。然而，在实践中，广东省海洋经济高质量发展仍面临着以下问题：一是"创新不足"。广东省海洋产业科研经费投入不足、自主研发能力薄弱，产学研合作机制不畅，导致关键技术自给率偏低。二是"低质低效"。由于广东省陆海空间功能布局、基础配套设施等资源协调不足，配套政策不完善，沿海产业园区低质同构现象严重。三是"生态约束"。长期依靠浪费资源和污染环境的粗放式开发，使得广东省近海生态环境大面积受损、生态系统遭受破坏，严重制约了海洋经济的可持续发展。要想解决上述发展"瓶颈"与问题、顺利推进广东省海洋经济向高质量发展转型，研究广东省海洋经济高质量发展的驱动机制及系统演化显得尤为关键。探索"广东省海洋经济高质量发展的驱动力要素有哪些""这些要素如何驱动海洋经济高质量发展""广东省海洋经济高质量发展的系统演化路径如何拟合""系统演化趋势如何预测分析"已经成为当前亟待研究的重要问题。因此，为推进海洋强省建设，需要从要素驱动视角，研究广东省海洋经济高质量发展的驱动机制及系统演化，从而实现广东省海洋经济高质量发展。

本书以新时代背景下海洋经济发展的成效与挑战为切入点，深入研究广东省海洋经济高质量发展，按照前因后果的思路来设置研究内容。第一，在国内外相关研究的基础上，界定海洋经济高质量发展的内涵与特征。第二，分析广东省海洋经济高质量发展的现实基础，进一步总结广东省海洋经济高质量发展整体状况。第三，通过要素投入集聚、驱动因子识别和影响因素划分，基于 DEA-Malmquist 模型、创新驱动力指数和 DPSIR 模型，分析广东省海洋经济高质量发展的投入产出机制、动力传导机制和影响作用机制。第四，运用演化仿真、建立 Logistic 模型等定量方法，研究广东省海洋经济高质量发展的系统演化路径，为广东省海洋经济发展规划和政策制定提供方法指导。第五，对相关政策实践进行持续追踪以及有效性检验分析，提出加快广东省海洋经济高质量发展的政策建议，构建广东省海洋经济高质量发展的一般实现路径和具体实现路径，为我国其他沿海省市实现海洋经济高质量发展提供可行性借鉴。

本书的理论研究框架，如图 0-1 所示。

全书内容主要分为七大部分。

（1）海洋经济高质量发展的理论基础研究

通过在国内外相关研究的基础上，界定海洋经济高质量发展的内涵与特征，从理论层面对海洋经济高质量发展进行因素判别与特性分析。

（2）广东省海洋经济高质量发展的现实基础

结合广东省海洋经济发展的现状，分别对广东省"三大海洋经济发展区""三大海洋经济合作圈""两大海洋前沿基地"的基础优势、功能互补和推动效应进行调查分析，并得出广东省海洋经济高质量发展的整体状况。

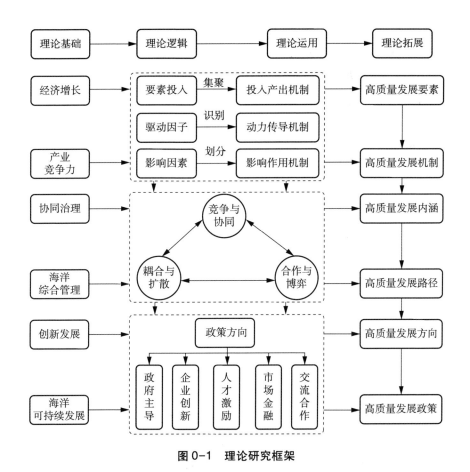

图 0-1　理论研究框架

（3）广东省海洋经济高质量发展的驱动机制效应检验

运用 DEA-Malmquist 模型、创新驱动力指数和 DPSIR 模型，评价广东省海洋经济高质量发展的驱动机制效应。通过多种实证方法对广东省海洋经济高质量发展的驱动机制效应进行深入分析。

（4）广东省海洋经济高质量发展的系统演化路径实施

从资源、环境和经济 3 个层面构建广东省海洋复合系统，运用熵权 TOPSIS 方法进行测算，通过建立 Logistic 模型，对广东省海洋资源环境经济复合系统演化过程进行拟合分析和趋势预测。

（5）广东省海洋经济高质量发展的政策有效性检验

对广东省海洋经济高质量发展的政策实践进行持续追踪以及有效性

检验分析，总结政策实践及实践过程中存在的困境，为我国其他沿海省市提供合理、可行的借鉴。

（6）广东省海洋经济高质量发展的路径选择

结合广东省海洋经济发展的现实基础和实际情况，总结广东省海洋经济高质量发展的一般实现路径；结合深圳、珠海、湛江、汕头等广东省主要沿海城市，提出广东省海洋经济高质量发展的具体实现路径。

（7）广东省海洋经济高质量发展的政策建议和研究展望

基于本书研究内容，提出加快广东省海洋经济高质量发展的政策建议；围绕海洋经济高质量发展的综合评价体系、政策检验工具和具体实现步骤等领域，提出研究展望，以期共同推进我国从"蓝色经济"转向"绿色经济"，从"高速增长"转向"高质量发展"，加快海洋经济高质量发展，实现建设海洋强国战略目标。

本书是2019年广东省自然科学基金面上项目"广东省海洋经济高质量发展的驱动机制及系统演化研究"（项目编号：2019A1515011886）的最终成果，并由该项目资助出版。本书在研究和文稿形成过程中，得到了广东省自然资源厅、广东省科技厅、广东海洋大学有关领导的悉心指导，还得到了广东海洋大学广东沿海经济带发展研究院、广东海洋大学海洋经济与管理研究中心的帮助，在此向他们表示诚挚的谢意！

本书的撰写过程，参考借鉴了国内外众多海洋领域专家、学者的思想、观点，特在此谨致谢忱！由于能力及时间关系，本书难免存在不足之处，敬请广大读者和专家批评指正！

宁　凌

2022 年 8 月于湛江

目　录

1 绪 论

1.1 研究背景

1.1.1 国际背景

（1）经济全球化浪潮

经济全球化的浪潮带动了政治、文化和社会等诸多方面进入全球化进程。积极利用经济全球化的规模效益是加快经济增长的必由之路。一方面，在经济全球化的大背景下，各国经济日益相互依存、相互依赖，没有哪一个国家可以独立于其他国家而存在。因此，只有主动参与国际经济体系建设，才能分享经济全球化带来的经济利益。另一方面，市场经济本质是一种开放的经济，市场经济的发展要求冲破地区、国家之间的限制，将市场连成一个整体。在全球化的大背景下，世界经济在竞争与依赖中不断增长。这其中得益于各个国家和企业利益的相互影响和各国从本国利益出发的相互合作。随着经济依赖程度的加深，所有的生产和消费都具有全球性，从而促使世界经济呈现出整体化特征。

经济全球化对我国发展既是挑战，也是机遇。推进和融入世界经济，扩展我国发展的外部空间，确定我国现代化建设在经济全球化中的历史方位。我国在经济全球化进程中取得了世人瞩目的成就，国际政治、文化事务、信息技术等多个方面与国际环境实现交互影响，顺应国际潮流、把握国际形势，积极融入全球化。自加入世界贸易组织（WTO）以来，我国经济发展的全球化趋势大大加快，逐步了解和适应国际市场经济，学习国外成熟经验，改革自身经济体制，建立规范的市场规则。我国经济体制改革不能脱离经济全球化的大背景，其具体制度设计要符合全球化背景下经济体制改革的大体趋势。在经过多年的渐进改革后，我国经济成功融入世界经济主流。

基于经济全球化的大背景，考察我国经济发展必须要有全球视野，立足全球经济形势，判断我国经济发展的变化。目前，世界经济复苏缓慢，这必然会对我国经济运行和发展造成影响，在制定我国宏观经济政策时，需要充分考虑经济全球化的影响；与此同时，我国宏观经济政策应该紧密结合当前国情，服务于我国经济和社会的发展。只有以我国实际国情为第一原则，宏观经济政策的制定和实施才能取得成功。

（2）海洋经济高速增长

21 世纪是海洋世纪，海洋成为世界新时代发展的资源动力和经济战场。随着全球经济快速增长与工业化、城市化进程加快，人口、产业向海洋移动的趋势不断加速[1]，发展海洋经济已经成为世界各国缓解能源短缺的重要领域。从 20 世纪 60 年代开始，全球海洋经济由于海洋科技的不断发展而获得高速发展，海洋油气业、盐业、海洋运输业、海洋捕捞业等海洋产业的产值，每十年翻一番。另外，一些新兴海洋产业，如海洋化工业、海水养殖业、海水淡化产业、滨海旅游业等已初具规模，海洋生物工程、深海采矿、海洋能源利用等高新技术产业也正在迅速崛起。2006 年，世界海洋 GDP 达到 1.5 万亿美元[2]；2017 年，全世界海洋经济总产值超过 10 万亿元人民币[3]，预计 2030 年其增长值超过两倍。海洋经济在促进国民经济发展中的作用得到了世界各国的普遍认可，各国将经济发展重心转向海洋，制定可持续发展的海洋经济发展战略。海洋国际合作成为主流趋势，推动世界海洋经济的全面发展，建立公正、平等的国际海洋新秩序，构建和平与发展的国际环境。

然而，由于世界各主要海洋大国采取的措施不尽相同，海洋经济发展呈现出差异化趋势。美国、加拿大、欧盟、澳大利亚、日本等主要海洋国家和地区，均从国家战略高度认识并推动海洋经济的发展，且取得了诸多成效。其中，美国的《21 世纪海洋蓝图》，提升了海洋的战略地位；加拿大颁布的《加拿大海洋战略》，以可持续的方式开发海洋；欧盟的《欧盟海洋政策绿皮书》、澳大利亚的《21 世纪海洋科学技术发展计划》和日本的《海洋白皮书》在全世界范围内具有较大影响。目前，全世界已经有100多个国家制定了详尽的海洋经济发展规划[4]。虽然各主要海洋国家和地区的海洋资源优势各异，海洋经济发展措施也不尽相同[5]，但能够从不同侧面为我国提供有益借鉴。

我国作为海洋大国，拥有丰富的海洋资源，享有主权和管辖权的海域面积约为 300 万平方公里，陆岸线长 18000 多公里，领海和内海面积达38.8 万平方公里。自 20 世纪 90 年代以来，我国加大对海洋的开发利用，制定了《中国海洋 21 世纪议程》《全国海洋经济发展规划纲要》等，海洋经济以每年两位数的速度增长，发展趋势与世界海洋经济发展保持同步。近年来，随着我国海洋意识的提高和认识、开发海洋相关进程的推进，发展海洋经济已经成为当前我国海洋工作的重点之一，通过积极开展各类海洋生产活动，注重发展相关海洋事业，加大海洋开发利用力度，为我国经济发展提供新的增长空间。

（3）贸易摩擦持续升级

时任美国总统特朗普上台后，随即宣布退出《跨大西洋贸易与投资伙伴关系协定》（TPP），重新商定北美自由贸易协定，拟对欧盟、加拿大、日本、韩国、中国等国家和地区加征关税，破坏现有的全球多边贸易体系和自由贸易原则，贸易保护主义倾向明显加重。美国主动挑起与其他国家的贸易摩擦争端，重新商定贸易协定，实际上是变相的贸易保护和霸权主义，达到强制加大资本输出的目的。在美国加征关税的威胁之下，欧盟与美国达成协议，将从美国进口更多的大豆和液化天然气；加拿大与美国已经就北美自由贸易协定（NAFTA）达成框架协议，同意向美国开放其乳业市场；为了避免与美国的贸易摩擦，日本同意与美国展开自贸协定谈判；韩国与美国签署新的自由贸易协定，美国的汽车、农作物将大批进入韩国市场。美国以加征关税作为威胁，强迫其他国家向美国开放更大的国内市场，让美国获得更多的经济利益，这种霸权行为实际上是对其他国家和地区经济主权的侵犯，是对现有国际良好经贸秩序的破坏。

改革开放以来，我国经济得到了较快的发展，经济实力不断增强。在2010 年，我国超越日本成为世界第二大经济体，中国经济的发展对于世界经济的发展有着重要意义。在经济快速发展的同时，中国与其他国家之间的贸易摩擦也在不断增多。其中，中国与美国的贸易摩擦尤为突出。中美贸易摩擦和其他国家之间的贸易摩擦具有相同属性，但由于两国在国际贸易体系中所发挥的作用，中美这两个世界上最大的贸易国之间的贸易摩擦又具有区别于一般国际贸易摩擦的特殊属性。美国是世界第一强国，是世界第一大经济体；中国是世界上最大的发展中国家，是世界第二大经济体，两者在世界舞台上均具有举足轻重的地位。中美贸易关系是中美关系的压舱石，贸易往来是中国与美国经济联系的重要渠道和方式。在中国经济快速发展的同时，美国经济陷入持续低迷状态。同时，由于两国间的经济基础、经济结构不同，中美之间的贸易越来越不平衡，贸易差额越来越大，中美贸易摩擦开始出现。随后，中美贸易摩擦不断升级，日益加剧，制裁与反制裁、限制与反限制等贸易交锋此起彼伏，障碍了中美双边关系的进一步发展。

近年来，在中美双边贸易量不断增加的同时，贸易摩擦也在不断升级，美国不断挑起与中国的贸易摩擦，涉及的产品金额不断增加，贸易保护措施的力度越来越大。中国在维护国家核心利益和人民根本利益的前提下，表示愿意与美国在平等磋商、相互尊重的基础上进行贸易磋商。同时，中国也表明了坚决捍卫自身利益的决心，强调中方不愿意打"贸易战"，但也不怕打"贸易战"，中美之间新一轮贸易摩擦逐渐升级。

（4）构建人类命运共同体

人类正处于工业文明发展进程中，在工业文明中人类的物质财富积累得到极大提高，但造成的生态问题也日益突出，生态环境形势十分严峻，已经严重地威胁到人类的生存和可持续发展。全球变暖现象、厄尔尼诺现象等已经成为全球急待处理和应对的生态安全问题，而这些生态安全问题的处理和应对需要各国的共同努力。生态安全影响之大，覆盖面之广，处理不好将对全人类的生存和发展产生严重的负面影响，单靠个人力量是无法解决的，全人类必须团结起来。在生态安全面前，人类是一个命运共同体，各个国家的行为不仅会对自身造成影响，还会给其他国家带来影响。人类命运共同体是指各国在追求自身利益的同时，尊重其他国家的正当利益，实现各国共同的发展。人类命运共同体不仅是一种政治主张，而且是人类发展历史的新阶段，是人类文明发展的新方向。构建人类命运共同体是应对全球问题的中国智慧方案，是根据当代全球生态危机的现实，对马克思主义理论和中国传统文化的继承和发展[6]。

经济全球化的进程不断推进，这在给世界经济带来广阔的市场、合理的生产结构的同时，也让人类的经济活动具有显著的世界性。在经济全球化、经济活动日益增多的背景下，人类生产力急剧增加，但是这种生产力的增加是以过度消耗自然资源为前提的。地球上的自然资源是有限的，这种过度消耗自然资源的生产方式是不可持续的。自然资源的枯竭，将会使人类的经济活动受到严重的负面影响，甚至最终人类的生存和安全都难以得到保障。构建人类命运共同体强调人类的经济活动必须是适度的，这集中体现在能源的选择和使用上要保证可持续性，选择可再生、污染物排放较少的能源；使用能源时更注重节约、低碳；在科学技术上，通过发达国家对发展中国家、不发达国家提供技术支持，提高能源的利用率，保证能源的可持续性。人类命运共同体要求人类在满足自身发展需要的同时，适用清洁能源，节约能源，通过科学技术的研发和学习，提供清洁能源，实现人类经济活动的可持续性。

传统政治观念认为，国家与国家之间是一种竞争对手关系，国与国之间是一种零和博弈，为了维护自身的国家利益必须牺牲其他国家的国家利益。与传统政治不同，构建人类命运共同体能将国际政治中的各个主体团结起来，人类命运共同体是各个国际政治主体合作的政治基础之一，提倡尊重并保障绝大多数人的合法利益。人类命运共同体作为一种新的发展理念正在被世界上越来越多的国家所认同[7]，其致力于形成国家与国家之间的合作关系，化解冲突，在合作的基础上，处理国际事务和全球问题，重视大国和大国之间的良好关系，营造良好的国际政治环境。

1.1.2 国内背景

（1）中国特色社会主义新时代

党的十九大报告指出："经过长期努力，中国特色社会主义进入了新时代，这是我国发展新的历史方位。"[8]这一重大观点是以习近平同志为核心的党中央立足中国特色社会主义发展的实际情况作出的科学论断，这是对我国社会主要矛盾转化的现实依据作出的重大判断。

"新时代"的历史定位包括两个层次。第一个层次是"新时代"的时间定位。在纵向时间上,"新时代"的"新"意味着近代以来中华民族实现了从站起来、富起来到强起来的伟大飞跃,中国的发展已经处于强起来的新历史坐标起点上。第二个层次是"新时代"的空间定位。在横向空间上,中国进入新时代的事实在世界范围内造成了重大影响并具有深远意义。中国特色社会主义在逆境中引领中国,使中国不断强大起来,为发展中国家实现现代化彰显出示范作用,拓展了发展中国家走向现代化的途径,给世界上那些既希望加快发展又希望保持自身独立性的国家和民族提供了全新选择,为解决人类问题贡献了中国智慧和中国方案。中国特色社会主义现代化的成功探索,不仅彻底改变了中国的前途命运,而且为发展中国家实现现代化提供了全新的实践模本,具有十分重要的借鉴意义。

"新时代"这一全新的重要论断产生的现实土壤包括中国特色社会主义主要矛盾的转变与取得的历史成就两个方面。一方面,中国特色社会主义主要矛盾的转变具体体现为"我国社会主要矛盾已经转化为人民日益增长的美好生活需要和不平衡不充分的发展之间的矛盾"。这一正确判断表明,在中国特色社会主义深入推进,建设富强民主文明和谐美丽的社会主义现代化国家的过程中,我国的主要任务要转移到集中全力解决发展不平衡不充分的问题,保证最广大人民享受改革开放成果的同时,能够追求更高的生活质量,享受一个更加公平、更加正义、更加和谐和更加美丽的环境。另一方面,中国特色社会主义已经取得的巨大历史成就。党的十一届三中全会以来,以经济建设为中心,实行改革开放等措施,这些都为社会主义现代化建设和中华民族的伟大复兴开创了一条独具特色的道路,是中国特色社会主义道路的具体中国方案。改革开放40多年来,在中国共产党和全国各族人民的持续推进下,中国特色社会主义深入发展。特别是党的十八大以来,中国共产党基于对中国特色社会主义发展的认识,并立足当下中国的实际,以胸怀人民的满腔热情和高度责任感,提出了一系列新理念新思想新战略,出台了一系列重大方针政策,推出了一系列重大举措,推进了一系列重大工作,解决了一系列长期想解决而没有解决的难题,办成了过去许多想办而没有办成的大事,推动党和国家事业发生了重大变革。

进入"新时代",通过对中国特色社会主义的理论与实践探索,中国特色社会主义建设的理论层面和实践层面都有了很大的突破和进步。中国共产党和人民群众也在建设社会主义的过程中,历经困难、付出艰辛,逐步探索出适合国情、世情、党情的社会主义道路、理论、制度和文化[9]。从对于"什么是社会主义,怎样建设社会主义"的摸索,到目前对于"坚持和发展什么样的中国特色社会主义,怎样坚持和发展中国特色社会主义"的追问,体现了中国共产党对如何建设和巩固社会主义这一重大问题的科学认识。进入"新时代",中国共产党人时刻矢志不渝地坚守社会主义建设的根本方向和基本属性,在推进社会主义现代化建设的过程中也始终坚守社会主义的界限,不断推动科学社会主义基本原则与我国具体国情之间的结合。"五位一体"总体布局,协调推进"四个全面"战略布局,树立落实创新、协调、绿色、开放和共享的新发展理念,等等,这些都是"新时代"对于中国特色社会主义建设的本体价值。

进入"新时代",我国的国内生产总值从 54 万亿元增长到 80 万亿元,在世界经济排名中稳居第二位,对世界经济增长率贡献达 30%。这不仅意味着我国经济能保持中高速增长,保持在世界主要国家中名列前茅的优势,更表明我国对于促进经济平稳有序发展所做的探索给世界上其他国家促进本国经济发展提供了可供参考的范本[10]。在全球性问题加剧的背景下,中国始终能保持国内社会稳定,各民族共同繁荣、共同发展,这不仅意味着我国政局稳定,更表明我国为世界上其他希望实现民族独立、社会稳定的国家提供了可供参考的经验。随着中国特色社会主义道路、理论、制度、文化的不断发展,拓展了发展中国家走向现代化的途径,为世界上其他国家和民族提供了全新选择,为解决人类问题贡献了中国智慧和中国方案。"新时代"为世界提供中国道路、中国智慧、中国方案,对世界社会主义和人类社会的建设与发展都有十分重要的国际价值。

(2) 海洋经济高质量发展要求

我国经济发展速度正从高速转向中高速;经济发展方式正从粗放增长转向集约增长。海洋经济已成为我国国民经济的重要支撑,不仅是国家经济安全的重要保障,也是未来国家、社会发展的战略空间。党的十九大提出的"加快建设海洋强国"以及习近平总书记致 2019 年中国海洋经济博览会信中所提及的"海洋是高质量发展战略要地"重要论述，充分说明加快海洋经济高质量发展已经成为我国实施海洋强国战略改革共识。我国沿海省份在发挥海洋传统产业优势的同时，注重培育和发展海工装备、海洋生物、海上风电等各种现代海洋产业，海洋经济对国民经济发展具有重要影响。在今后乃至未来一段时间内，海洋经济作为国内经济新增长极，将为我国经济发展持续提供充足动力。

进入 21 世纪以来，我国加大海洋开发力度，各项涉海项目陆续落实，各类海洋活动不断增加，海洋经济的增速和规模都在不断提高。我国海洋经济生产总值 2007 年为 25619 亿元，2019 年达到 89415 亿元，平均增长速度超过 9.0%，占国内生产总值的比重达 9.0%，海洋经济总量及所占比重均有明显增加。随着我国经济发展进入新常态，海洋经济增速放缓、海洋经济发展不平衡等问题逐渐凸显，我国海洋经济进入创新引领型、质量效益型转变的关键时期。在新时期，加强海洋科技创新、提高海洋全要素生产率，有利于促进海洋经济高质量发展，推动海洋强国建设。

加大对科技研发与应用的重视力度，海洋科技作为海洋经济发展新旧动能转化的推动力，对促进海洋经济高质量发展具有重要影响作用。2016年，我国公布了未来 5 年的科技兴海规划，明确提出要形成创新驱动发展的科技兴海长效机制；"十三五"科技创新规划对深海前沿技术研发、高新技术产业等作出重点部署；海洋领域面向 2035 年国家中长期科技发展规划，"十四五"海洋科技发展规划，海洋国际科技同创产业园等工作也有序推进。由此可见，提高海洋科技水平对于我国经略海洋、科学用海，实现海洋强国梦具有十分重要的战略意义。海洋科技创新不仅要加大投入，更要提高效率。提高海洋科技创新效率对于进一步发展我国海洋科技事业，形成创新驱动发展的科技兴海长效机制、推进海洋强国战略实施具有积极影响和重要作用。

（3）国家重大战略制定与实施

创新驱动发展战略：当前，国际竞争日趋激烈，我国经济进入新常态，其基本特点是速度变化、结构优化、动力转换。结合新常态背景，党的十八大提出，要实施创新驱动发展战略；党的十九届五中全会提出，要坚持创新在我国现代化建设全局中的核心地位；"十四五"规划提出坚持创新在我国现代化建设全局中的核心地位，要求深入实施创新驱动发展战略，加快建设科技强国。创新驱动战略要求以减少能源资源消耗、提高生产效率的方式，驱动经济社会发展，促进社会总体福利水平的增长；根据发展阶段和发展水平的提高不断形成新优势，增加产品的科技含量和附加值，进而形成新的竞争优势；运用内生增长和集约化发展的动态适应机制，使国家的经济发展结构能够适应国际创新竞争态势。目前，我国创新驱动力整体不足，区域间创新禀赋差异较大，借鉴发达国家成功经验，制定和实施创新驱动发展战略有利于进一步激发区域创新竞争活力，稳固提升我国的国际竞争力。

建设海洋强国战略：党的十八大提出建设海洋强国战略，指明了我国海洋事业发展的总体方向；党的十九大以来，建设海洋强国已经成为我国重要的国家战略之一；全国海洋经济发展规划进行详细工作部署，要求提高我国海洋经济总体水平。我国海洋经济已经进入质效转变的关键时期，实现海洋经济高质量发展是当前乃至今后一段时期内我国海洋经济工作的重中之重。我国从原来的不重视海洋建设，到面向海洋、经略蓝色国土、建设海洋强国，这一系列的重大转变表明了我国海洋意识的进步。建设海洋强国战略是指通过和平的方法发展我国海洋经济，具体包括发展海洋科技装备、提升海洋资源开发利用能力、加强海洋综合管理等。基于海洋强国战略把我国建设为国情现实与发展需求相适应的海洋国家，从而实现具有中国特色的海洋强国之梦。

"一带一路"倡议：2013 年，国家主席习近平提出建设"丝绸之路经济带"和"21 世纪海上丝绸之路"的构想。"丝绸之路经济带"和"21 世纪海上丝绸之路"组成了"一带一路"倡议，成为我国重大国家倡议之一。"21 世纪海上丝绸之路"从我国东南沿海地区出发，随后经过南海，穿过印度洋，进入红海，抵达东非和欧洲，途经 100 多个国家和地区，成为中国与外国贸易往来和文化交流的海上大通道，并推动了沿线各国的共同发展。"一带一路"倡议是改革开放谋篇布局的重要举措，通过"一带一路"倡议将我国内陆沿边地区推向对外开放最前沿，进一步释放我国东、中、西各部创新活力。"一带一路"倡议进一步充分运用我国与周边国家的地缘、经济互补优势，促进区域内要素有序自由流动，为"一带一路"沿线各国发展经济、提高民众生活福祉营造了有利环境。

粤港澳大湾区建设：在"一个国家、两种制度、三个地区"的国情基础上，粤港澳大湾区建设上升为国家发展战略之一。在新的历史发展背景下，粤港澳大湾区建设肩负着重要的历史使命和战略定位。粤港澳地区由于地理位置的相邻，具有共同的历史文化基础和悠久的良好合作关系。2019 年，国务院印发的《粤港澳大湾区发展规划纲要》明确指出，要将粤港澳大湾区建设成充满活力的世界级城市群。粤港澳大湾区建设，一方面是未来适应珠三角城市群转型升级，解决资本、劳动力缺乏问题的需要；另一方面是国家层面支持港澳发展的重要途径之一。然而，在"一国两制"的框架下，粤港澳大湾区建设如何消除香港地区、澳门地区与内地的政治、经济、文化、法律等差异？如何进一步将制度差异转换为制度优势？这些都是粤港澳大湾区建设面临的重大机遇与挑战。

1.2　研究目的与意义

1.2.1　研究目的

在新经济常态下，面对当前国际需求乏力、风险加大的新格局，海洋作为高质量发展战略要地，如何坚持"质量第一、效益优先"实现海洋经济高质量发展，成为国家和学界均十分关注的重要问题。作为我国沿海省份之一，广东省是海洋经济大省，其海洋生产总值连续 27 年位于全国第一。在"十三五"期间，广东省积极响应国家号召，提出建设"海洋强省"的战略目标，以海洋经济高质量发展为动力，推动广东省完成从"海洋大省"向"海洋强省"的历史性转变。

然而，在实践过程中，广东省海洋经济高质量发展仍面临以下问题：一是"创新不足"。广东省海洋产业科技自主研发能力薄弱[8]，产学研合作机制不畅，导致关键技术自给率偏低。二是"低质低效"。由于陆海空间功能布局、基础配套设施等资源协调不足，配套政策不完善，广东省部分沿海产业园区低质同构现象严重[9]。三是"生态约束"。长期依靠浪费资源和污染环境的粗放式开发使广东省近海生态环境大面积受损、生态系统遭受破坏[10]，严重制约了海洋经济的可持续发展。

为了解决上述发展"瓶颈"与问题，探究广东省海洋经济高质量发展驱动机制及系统演化显得尤为关键。探索"广东省海洋经济高质量发展的驱动力要素有哪些""这些要素如何驱动海洋经济高质量发展""广东省海洋经济高质量发展的系统演化路径如何拟合""系统演化趋势如何预测分析"已经成为当前亟待研究的重要问题。因此，为推进"海洋强省"建设，以要素驱动为动力，研究广东省海洋经济高质量发展的驱动机制及系统演化。本书主要研究目的包括：在理论研究层面，探讨海洋经济高质量发展的内涵特征、发展依据和动力因素；在战略制定层面，结合广东省海洋经济高质量发展现实基础，采用多种实证方法对广东省海洋经济高质量发展驱动机制效应及系统演化路径进行深入分析；在政策选择层面，总结广东省原有海洋经济发展的政策实践及实践过程中存在的困境，提出广东省海洋经济高质量发展的政策建议。

1.2.2　研究意义

（1）理论意义

对海洋经济发展的理论进行创新性探索。寻找现有研究中存在的理论断层，以新发展理念、供给侧结构性改革、经济高质量发展为基础，深入了解广东省海洋经济高质量发展驱动机制及系统演化的运行基础。由此为广东省海洋经济的发展提供理论支撑。

对海洋经济发展的研究方法进行创新性探索。运用 DEA-Malmquist 模型、创新驱动力指数和 DPSIR 模型，研究广东省海洋经济高质量发展的驱动机制；运用演化仿真、建立 Logistic 模型等定量方法，研究广东省海洋经济高质量发展的系统演化，为广东省海洋经济发展规划和政策制定提供方法指导。

为海洋经济与管理学科建设探索方法与理论体系。通过对海洋经济相关文献进行梳理和总结，结合广东省政策及战略部署，对海洋经济高质量发展的作用机制进行分析，初步形成海洋高质量发展战略体系与政策体系，为本学科发展提供一些有益的探索。

（2）实践意义

为提高广东省海洋经济高质量发展水平提供政策建议。通过对广东省海洋经济高质量发展的驱动机制及系统演化进行深入研究，测算广东省海洋经济高质量发展的全要素生产率和创新驱动力，基于对广东省现有的海洋经济高质量发展相关政策实施有效性分析，为海洋强国建设提供借鉴，为后续研究提供现实依据。

为探索新时代下广东省海洋经济高质量发展提供实践指导。借助美国、加拿大、欧盟等国家和地区在海洋经济发展方面的成功经验，明确广东省海洋经济高质量发展的未来方向，探索广东省海洋经济高质量发展的运行基础，得出海洋经济高质量发展的实践路径。

为引导全国其他沿海省份海洋经济有序化发展提供新途径，通过深入研究广东省海洋经济高质量发展的驱动机制及系统演化，引导海洋强国战略有序化推进，总结广东省海洋经济高质量发展过程中可供参考的做法，为全国其他沿海省份实现海洋经济高质量发展提供新途径，有序推进海洋强国战略，推动我国海洋经济高质量发展水平的有效提升。

1.3 国内外研究文献综述

1.3.1 国外研究文献综述

国外专家学者从多个角度研究海洋经济高质量发展，主要分为宏观、中观和微观视角，拥有大量的研究成果，以期为海洋经济未来发展提供现实实践依据，指明海洋经济高质量发展的前进方向。

（1）海洋经济发展的效益研究

对于海洋经济的研究，不仅仅是研究如何增加海洋经济产值，还要通过宏观视角研究海洋经济发展过程中的各种效益。围绕海洋经济的社会效益，Andrés M 等（2019）认为，必须将社会效益中的公平与环境问题同时放在发展蓝色海洋经济优先考虑位置[11]。在确保社会效益的基础上，如何优化海洋经济效益是进一步研究深化的主要方向。Juan C、M. Dolores、Manuel M.（2013）根据欧洲地区的标准统计分类，随着时间推移以及不同活动部门，对国家和地区之间的海洋经济效益进行量化[12]。在海上活动增加的同时，海洋环境遭到严重破坏，因而必须对海洋经济的环境效益进行评价。F. Picone 等（2020）提出，对海洋保护区建立全面、综合的评估框架，以评估其社会生态有效性[13]。总体上，现有研究主要探讨海洋经济发展的效益问题，包括海洋经济的社会、经济和环境效益等议题。

（2）海洋经济发展的模式研究

海洋经济属于区域经济的范畴，与陆域经济共同成为区域经济的主要组成部分。目前，海洋经济的区域属性主要与地理空间有较大联系。Ken-Findlay（2020）鉴于区域海洋经济扩展，提出南部非洲国家海洋保护区面临的挑战[14]。而为了缓解这种区域扩张的冲突，Yety Rochwulaningsih（2019）提出一体化经济对于海洋国家的海洋政策基础的重要性，着重讨论印度尼西亚如此容易受到全球经济危机影响的原因[15]。可持续发展经济开始成为当前解决这种冲突的主流，然而，尚不清楚可持续发展经济政策机制的适应能力。Michelle Voyer（2020）以东帝汶为例，研究海事部门的政策一致性和协调性，发现其能够适应海洋经济可持续发展需求[16]。总体上，现有研究通过分析海洋经济不同的发展模式，总结出涵盖区域经济、一体化经济、可持续发展等模式中海洋经济发展的一般规律，以此对海洋经济未来发展进行预测。Karyn Morrissey、Cathal O'Donoghue（2012）在爱尔兰的国家和地区层面，研究海洋部门在解决爱尔兰区域差异方面的影响，以及在海洋部门推动海洋经济可持续发展过程中的表现[17]。

（3）海洋经济发展的规律研究

国外学者针对具体海洋开发活动，总结出海洋经济发展的一般规律。Yogi Sugiawan（2017）以 1961—2010 年 70 个捕鱼国家为研究对象，发现经济增长对海洋渔业可持续性产生有利影响[18]。具体海洋开发活动离不开海洋空间规划，越来越多的海洋国家开始有序开发近海海域空间。G. Finke（2020）分析安哥拉、纳米比亚和南非的部分领海及专属经济区，发现这 3 个国家已开始通过实施海洋空间规划支持该地区可持续发展[19]。受到系统论推广和应用影响，国外学者开始将海洋生态系统概念引入海洋研究领域。Melanie J. Heckwolf 等（2021）对北半球具有重要社会经济意义的地区进行案例研究，从而量化和评估海洋生态系统服务功能和水平[20]。总体上看，现有研究成果通过分析海洋开发活动、海洋空间规划和海洋生态系统具体案例，得出大量实践经验。U. Rashid Sumaila（2016）对大型海洋生态系统进行研究，寻找提高海洋生态系统带来的各种社会经济效益的有效方法，进而协调解决驱动渔业和其他海洋资源开发多重利益问题[21]。

综上所述，现有国外学者已不仅仅停留在对海洋资源开发、海洋经济增长评价等方面的研究，更关注如何提高海洋综合效益，如何解决海洋活动中的利益冲突等实际生产过程中面临的问题。通过引入海洋空间规划、海洋生态系统等交叉学科概念，对海洋相关领域进行复合研究。

1.3.2　国内研究文献综述

为了向"加快建设海洋强国""推动高质量发展"等国家顶层设计，提供有益、有效的理论支撑与实践支持，国内学者深入探究海洋经济高质量发展相关领域。

（1）国内海洋经济高质量发展研究动态

海洋经济高质量发展的内在机理。国内学者从理论依据、总体特征、概念界定对于海洋经济高质量发展内在机理进行深入分析：王圣、孟庆武（2015）通过分析新常态下海洋经济发展机理，验证集群效应、极化效应、支撑效应对海洋经济的拉动作用[22]；李晓璇等（2016）从影响因素、促进效应、空间组织模式等方面，进行案例分析，研究探索海洋战略性新兴产业集群的形成机理[23]；詹长根、王佳利、蔡春美（2016）分析我国沿海11个省市海洋经济效率总体特征，探索海洋经济高质量发展主要因子驱动力的作用机理[24]；唐红祥、张祥祯、王立新（2020）通过理论分析，检验海陆经济一体化的影响机理[25]。海洋经济高质量发展既是数量扩张的过程，又是质量提高的过程，是数量扩张和质量提高的统一。

海洋经济高质量发展的战略集成。如何构建完善的战略框架与政策体系，从而助推我国海洋经济发展，已成为沿海省份面临的重要挑战之一。程娜（2013）基于海洋经济可持续发展战略支撑体系，对我国海洋经济的发展规划、制度安排和政策建议等方面进行深入分析[26]。狄乾斌、於哲、徐礼祥（2019）研究发现海洋经济协调发展是科学评价区域海洋经济发展质量的重要依据，城市与海洋经济协同是海洋经济高质量发展的基本理念之一[27]。刘桂春等（2019）测度海洋经济增长驱动要素，发现我国海洋经济增长依靠资本、结构和创新三大要素[28]。

海洋经济高质量发展的评价指标。依据结构、效率和稳定等方面，反映海洋经济可持续发展能力的高低。孙才志等（2015）基于信息熵、协同学等理论和人海关系协同演化机制，构建综合评价指标体系[29]；王泽宇、郭婷、范元兴（2020）建立模糊物元模型，测度海洋经济高质量发展水平，对沿海省份进行梯队划分[30]；狄乾斌、尚青、於哲（2020）结合高质量发展目标和要求，构建海洋经济复合系统，对海洋经济协调发展水平进行评价[31]；丁黎黎（2020）从内涵、指标、路径3个层面，分析海洋经济高质量发展具体实践活动[32]。通过选取评价指标，提供构建指标体系的理论依据和选择评价方法的实践支撑。

海洋经济高质量发展的政策建议。国内相关学者在海洋管理体制、完善金融财政扶持政策、创新海洋治理机制等方面展开详细研究。栾维新、沈正平（2017）结合陆海统筹问题，认为通过开发利用海洋资源支撑我国陆域发展是必然选择[33]；王伟、陈梅雪（2019）分析美国、日本关于海洋金融支持的政策和措施[34]；陈东景、刘海朋（2018）提出在众多海洋生态系统管理模式中，适应性管理具有独特优势[35]；苟露峰、杨思维（2019）运用计量面板模型检验科技进步和产业结构对海洋经济增长产生的影响[36]；孙才志、郭可蒙、邹伟（2017）用PLS法测算政策对海洋经济发展的直接、间接效益，归纳政策的影响路径[37]。通过准确把握具体情况，总结我国海洋经济向高质量发展转型过程中面临的主要问题。

（2）海洋经济高质量发展的驱动机制研究

以全面贯彻落实新发展理念为基础。新发展理念的提出，为海洋经济高质量发展驱动机制提供新的研究视角。张文亮（2018）结合新发展理念实践要求，推动海洋经济高质量发展[38]；鲁亚运、原峰、李杏筠（2019）基于五大发展理念，构建评价指标体系，采用信息熵测算我国沿海各省区市海洋经济高质量发展综合水平[39]；刘波等（2020）基于新发展理念构建指标体系，对江苏省海洋经济高质量发展系统进行赋权分析[40]；黄灵海（2020）结合新时代以新发展理念引领经济高质量发展的要求，梳理我国当前海洋经济发展新趋势、新特征[41]。研究驱动机制如何促进海洋经济向高质量发展转型，具有必然性和必要性。

以推进供给侧结构性改革为主线。供给侧结构性改革是海洋经济向高质量发展转型的必经之路。王江涛（2017）认为加快供给侧结构性改革，需要促进海洋空间资源供给方向从生产向消费转变[42]；吴梵、高强、刘韬（2017）基于供给侧结构性改革，总结政府、企业和居民对海洋环境污染治理的作用[43]；刘洋、裴兆斌、姜义颖（2016）认为现阶段问题实质是供给与需求失衡，提出海洋生态文明建设需要进行供给侧结构性改革[44]；向晓梅、张拴虎、胡晓珍（2019）在分析环境作用的前提下，建立海洋供给侧结构性改革领域的动力模型[45]。供给侧结构性改革促使海洋领域适应资源需求快速变化、资源市场配置步伐加快等新趋势。

以转变发展方式、优化经济结构、转换增长动力为战略核心。为加快高质量发展，海洋经济模式需要从传统低效发展转为现代高效发展。吕明元、陈维宣（2016）发现能源结构演进方向对能源效率及其增长率具有显著影响[46]；张晖、孙鹏、余升国（2019）认为陆海产业链整合存在产品整合、价值整合和知识整合3种模式[47]；孙世芳、吴浩、谢慧（2018）认为海洋经济高质量发展核心是现代化产业体系[48]；张占海（2018）指出要培育壮大海洋新兴产业，以产业推动海洋经济创新示范城市建设[49]。海洋经济向高质量发展转型过程中，形成现代海洋经济体系是产业领域的重要内容之一。

以推动区域经济协调发展为内在驱动力。区域经济协调发展是衡量海洋经济高质量发展整体水平的关键因素。姜丽（2018）通过准确把握海洋经济总体、区域发展情况，评价海洋经济综合水平[50]；胡晓珍（2018）研究在海洋经济增长过程中，科技创新的影响作用和演化情况[51]；李福柱、张耀木（2019）使用相关系数及 VAR 模型，研究我国三大海洋经济圈的经济周期波动协动性[52]；葛浩然等（2020）选取空间计量模型，探索环境规制对海洋经济转型的空间溢出效应[53]。海洋经济高质量发展要求我国各沿海地区发挥区位、产业优势，大力推动海洋经济一体化，从而实现海洋经济的区域协同发展。

（3）国内系统演化研究动态

目前，关于系统演化的研究成果比较丰富，涉及创新生态系统、科技金融系统、创业教育系统等众多系统种类，围绕系统演化理论视角、系统演化机制、系统演化仿真博弈、系统演化路径政策等方面展开深入研究。

在系统演化理论视角方面，国内学者借助自组织理论、共生演化理论、复杂系统视角等，为研究系统演化提供了多种理论视角。周叶、黄虹斌（2019）从系统演化角度，分析战略性新兴产业自组织演化特征和条件，针对不同演化阶段提出对策和建议[54]；田善武、许秀瑞（2019）基于共生演化理论，分析区域创新系统共生演化案例，发现区域创新系统内共生单元在不同的演化阶段有不同的互动模式[55]；邢馨、姜晓东（2020）认为需要对城市高新区实行复杂性管理，通过时间复杂性管理、空间复杂性管理等方式，提高城市高新区的城市中心创新功能[56]。

在系统演化机制方面，国内学者关注耦合、协调、激励、驱动等在系统演化过程中产生的影响作用。胡慧玲（2015）基于产学研协同创新耦合模型，对产学研协同创新系统与创新过程进行分析，证明非线性作用推动产学研协同创新系统的演化发展[57]；单海燕、杨君良（2017）基于生态系统与经济系统之间的交互耦合关系，综合运用改进熵权法和耦合协调度模型，探究长三角区域生态经济系统耦合协调度的演化规律[58]；高世萍等（2018）基于演化博弈论，研究分散式和集中式惩罚机制下的合作演化，发现对惩罚行为的正激励可以有效抵制负激励的负面影响[59]；徐君等（2020）从不同层面明确资源型城市创新生态系统的驱动因子，将资源型城市创新生态系统划分为幼稚期、成长期、成熟期、分化期 4 个不同阶段[60]。

在系统演化仿真博弈方面，国内学者主要从动态层面进行演化过程分析。杨宜、徐鲲、徐枫（2018）建立科技金融主体演化博弈模型，分析博弈主体选择合作策略的稳定性影响因素[61]；王莉、游竹君（2019）基于知识流动的创新生态系统，对知识流动效率、网络联系紧密程度随价值网络演化的动态变化情况进行了仿真[62]；唐晓莉、宋之杰（2019）基于演化博弈理论，构建供给方、需求方与支撑平台三方参与的协同消费行为演化博弈模型，针对博弈双方演化的特点，提出对应措施及建议[63]。

在系统演化路径政策方面，国内学者根据不同演化特征和作用机理，总结归纳对应的演化路径，并提出在不同演化阶段的措施建议。王景荣、徐荣荣（2013）基于区域创新系统自组织演化过程中不同阶段的状态特征，分析区域创新系统的自组织演化进程[64]；吴伟（2014）基于低碳技术创新特征，提出技术与技术的协同演化、技术与环境的协同演化的路径[65]；任相伟、孙丽文（2020）厘清"经济—生态—社会"系统的演化逻辑和相互作用机制，基于政策机制、技术创新和绿色投资，归纳绿色经济推进路径[66]。

（4）海洋经济高质量发展的系统演化研究

对于海洋经济高质量发展的系统演化研究，我国学者的研究主要集中在过程分析、构建评价和动力稳定这3个方面。

海洋经济高质量发展的系统演化过程分析：赵昕、孙瑞杰（2009）基于系统演化的自组织理论，分析海陆产业系统的自组织性，构建了海陆产业系统在自组织过程中的演化模型[67]；孙才志等（2015）借鉴信息熵、协同学相关理论，在分析人海关系地域系统协同演化机制的基础上，构建综合评价指标体系，提出海洋经济与环境协同发展的对策建议[68]；滕欣、董月娥（2015）分析了海洋经济和陆域经济的关联关系，从海陆经济发展中的竞合行为出发，得到了不同条件下海洋经济和陆域经济竞合发展的不同策略[69]。

海洋经济高质量发展的系统演化构建评价：高乐华、高强（2012）根据生态经济系统基本内涵，展开系统研究[70]；李帅帅、施晓铭、沈体雁（2019）研究海洋经济系统构成及其互动规律，提出了蓝色经济空间拓展路径[71]；丁黎黎（2020）从"对象—理念—层次"3个维度阐述了海洋经济高质量发展的内涵，构建了海洋经济高质量发展评判体系[72]。在系统协调与优化方面，孙伯良、王爱民（2012）基于浙江省海洋经济、资源、环境现状，测算其对应系统的协调水平[73]；盖美、钟利达、柯丽娜（2018）借助三元协调发展模型对海洋资源环境经济复合系统承载力进行协调发展测度[74]；高强等（2019）基于协同学理论，对海南省海洋生态经济系统协调度进行测算，明确海南省海洋生态经济系统协调发展阶段[75]。

海洋经济高质量发展的系统演化动力稳定：狄乾斌、徐东升、周乐萍（2012）将系统动力学模型应用到海洋研究领域[76]；姜旭朝、刘铁鹰

（2013）从系统论的角度深入研究海洋经济，从微观、中观和宏观层面分析不同要素的海洋经济系统动力演进机制[77]；王泽宇等（2017）采用综合评估模型测算了中国沿海 11 个省市的海洋经济系统稳定性指数，引入障碍度诊断模型，有针对性地提出了中国海洋经济发展方向。以协同学、系统动力学为研究理论基础，对我国海洋资源、环境和经济发展进行了深入的探讨和研究[78]。

（5）海洋经济高质量发展的影响因素分析

海洋科技与海洋经济：殷克东、王伟、冯晓波（2009）通过测度我国海洋科学技术与经济可持续发展综合水平，研究两者互动协调作用[79]；李博、张帅、邓昭（2017）通过研究我国海洋科技投入与海洋经济增长关联度，发现两者存在正向关系[80]。在海洋科技与海洋经济驱动关系方面，徐胜、章海伦（2018）通过联合评价模型对我国海洋经济创新驱动能力进行评价[81]；李大海等（2018）以山东省青岛市为例，研究科技创新对海洋经济增长的驱动作用[82]。在海洋经济与海洋科技响应关系方面，孙才志、郭可蒙、邹玮（2017）运用主客观综合权重法，基于脉冲响应函数分析我国 11 个沿海省份海洋经济与海洋科技的响应关系，认为从总体上看，我国海洋经济对海洋科技响应较弱，而海洋科技对海洋经济响应较强，各沿海省份的海洋经济与海洋环境响应关系具有多样性[83]；李华、高强（2017）提出海洋科技有利于缓解海洋经济与海洋环境之间的矛盾，不同类型的海洋科技对海洋经济的响应存在差异[84]。

海洋全要素生产率与海洋经济：国内成果主要基于通过不同数理模型测算海洋全要素生产率，并分析不同影响因素对海洋全要素生产率的作用。苏为华、王龙、李伟（2013）通过 Malmquist 指数方法测算我国 11 个沿海省份全要素生产率指数，得出海洋经济容易受到政策影响的研究结论[85]；丁黎黎、朱琳、何广顺（2015）通过测算在资源环境影响下我国沿海地区海洋经济绿色全要素生产率，并分析不同因素对其影响，分析技术进步对于全要素生产率增长的重要性[86]；刘大海、李晓璇（2018）通过测算长时间序列海洋全要素生产率，证实海洋全要素生产率对海洋经济增长发挥了重要促进作用[87]。

海洋产业与海洋经济：海洋产业是海洋经济发展的重要载体，通过培育现代海洋产业，落实海洋事业发展战略部署。栾维新、杜利楠（2015）通过分析经济发展与产业结构关系，合理判断了海洋产业结构演变理想模式[88]；苑清敏、申婷婷、冯冬（2015）在陆海统筹视角下，研究海洋新兴产业耦合协调[89]；于会娟、江秉国（2016）基于现有技术市场，提出培育海洋新兴产业具体路径[90]；王舒鸿、孙晓丽（2018）通过考虑产业现代化影响作用，研究其对海洋经济发展、生态环境的调节，认为需要结合产业现代化进程，探索合适的海洋经济发展优化路径[91]。

1.3.3 研究述评

综上所述，现有国外学者已不仅仅停留在对海洋资源开发、海洋经济增长评价等方面的研究，更关注如何提高海洋综合效益，如何解决海洋活动中的利益冲突等实际生产过程中面临的问题。通过引入海洋空间规划、海洋生态系统等交叉学科概念，对海洋相关领域进行复合研究。

而国内对于海洋经济高质量发展的研究已经产生了较多具有借鉴价值的文献，其主要围绕海洋经济高质量发展的效率测算、趋势预测和政策建议等海洋生产实践活动。然而，现阶段大部分研究成果较少涉及海洋经济高质量发展的驱动机制、系统演化的规律、路径等领域。对于海洋经济高质量发展的驱动机制效应检验及系统演化路径实施，国内尚缺乏量化、系统、深入的研究。因此，结合广东省海洋经济高质量发展的现实基础，采用多种实证方法对广东省海洋经济高质量发展的驱动机制及系统演化进行深入分析，促进广东省加快"海洋强省"建设，实现海洋经济高质量发展（见表1-1）。

表1-1 现有研究与本书研究的承接及发展关系

	现有研究	本书研究
理论基础	新发展理念、全要素生产率	打造现代化海洋经济体系海洋经济发展质量、效率、动力变革
研究对象	海洋经济高质量发展的测度指标体系、海洋产业的转型升级	海洋经济高质量发展的驱动机制及系统演化
研究特征	探索构建、提升制度保障和支撑体系的方法以及途径	考虑海洋经济高质量发展的驱动机制效应检验和系统演化路径实施

	现有研究		本书研究	
	研究视角	代表文献	深化方向	理论研究拓展
海洋经济高质量发展	海洋经济竞争与协同 海洋经济耦合与扩散 海洋经济动力与传导	Cullinane（2006） 刘明（2017） Gogoberidz（2012） 韩增林（2009） Maravelias（2008） Jamnia（2015） 殷克东（2006）	（1）海洋经济高质量发展的战略格局优化 （2）海洋经济高质量发展的驱动机制效应 （3）海洋经济高质量发展的系统演化路径 （4）海洋经济高质量发展的政策方向和对策建议	（1）海洋经济高质量发展的因素判别与特性分析 （2）海洋经济高质量发展的战略格局优化 （3）海洋经济高质量发展的系统演化路径实施 • "产业—环境"交互下海洋经济高质量发展演化模型与仿真 • 海洋经济高质量发展要素配置及利用效率测算 • 海洋经济高质量发展全要素生产率进行趋势预测 （4）海洋经济高质量发展的政策方向

1.4 研究思路、内容与方法

1.4.1 研究思路

本书以新时代背景下海洋经济发展的成效与挑战为切入点，深入研究广东省海洋经济高质量发展。具体技术路线，如图 1-1 所示。

第一，在国内外相关研究的基础上，界定海洋经济高质量发展的内涵与特征，为研究海洋经济高质量发展提供理论基础。第二，分析广东省的"三大海洋经济发展区""三大海洋经济合作圈""两大海洋前沿基地"的基础优势、功能互补和推动效应，进一步总结广东省海洋经济高质量发展的整体状况。第三，通过要素投入集聚、驱动因子识别和影响因素划分，基于 DEA-Malmquist 模型、创新驱动力指数和 DPSIR 模型，分析广东省海洋经济高质量发展的投入产出机制、动力传导机制和影响作用机制，进一步研究广东省海洋经济高质量发展的驱动机制。第四，运用演化仿真、通过建立 Logistic 模型等定量方法，研究广东省海洋经济高质量发展的系统演化路径，为广东省海洋经济发展规划和政策制定提供方法指导。第五，

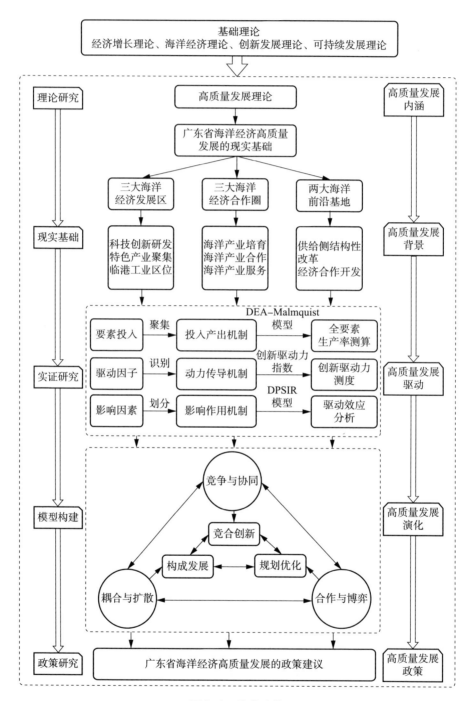

图 1-1　技术路线

对相关政策实践进行持续追踪以及有效性检验分析，并提出广东省海洋经济高质量发展政策建议，为我国其他沿海省份实现海洋经济高质量发展提供可行性借鉴。

1.4.2 研究内容

为了从理论视角研究海洋经济高质量发展驱动机制，从实践视角探索海洋经济高质量发展实现路径，按照前因后果的思路来设置研究内容。因此，研究内容主要由以下 4 个部分组成，如图 1-2 所示。

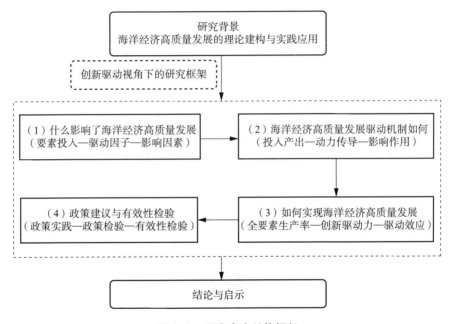

图 1-2 研究内容总体框架

海洋作为高质量发展战略要地，在面对当前国际需求乏力、风险加大的新格局背景下，海洋经济可充分发挥作为国内国际双循环新发展格局的重要支撑作用。然而，广东省海洋经济高质量发展仍面临"创新不足""低质低效""生态约束"等问题。要想解决上述发展"瓶颈"与问题，顺利推进广东省海洋经济向高质量发展转型，发挥海洋经济对双循环新发展格局的支撑作用，探究广东省海洋经济高质量发展的驱动机制及系统演化显得尤为关键。

现有研究较为缺乏从内在机制和系统演化视角去探究海洋经济高质量

发展，导致在新格局背景下如何科学、合理和有效地推进海洋经济高质量发展及政策制定缺乏坚实的理论依据。鉴于此，本书通过对广东省海洋经济高质量发展机理、路径与政策展开系统研究，为广东省深入贯彻和实现新格局背景下"海洋经济高质量发展""拓展蓝色经济空间""加快建设海洋强省"等战略决策提供理论支撑和决策支持。

本书从海洋经济高质量发展的实践背景与突出问题出发，融合新格局下发展的新理念，探讨该领域亟待解决的主要科学问题，进一步深化高质量发展机理研究并探讨发展路径及管理对策。按照"什么影响了海洋经济高质量发展→海洋经济高质量发展驱动机制如何→如何实现海洋经济高质量发展→政策建议与有效性检验"的思路来安排研究内容。①探索"是什么"，如何界定新格局背景下海洋经济高质量发展的概念特征，其发展内核与演化阶段为何？如何解释新格局背景下海洋经济高质量发展的关键与落脚点？②分析"为什么"，广东省海洋经济宏观形势与发展趋势如何？如何探索新格局背景下海洋经济高质量发展的维度、模式和路径等问题？如何认识海洋经济高质量发展在不同区域的制约因素与路径差异？③提出"怎么办"，深化广东省在新格局背景下的海洋经济高质量发展驱动机制与系统演化相关研究结论，为促进区域海洋经济高质量发展提出政策建议。

（1）海洋经济高质量发展的理论基础研究及现实基础分析

对海洋经济高质量发展的内涵特征、发展依据和动力因素进行深入研究，并分析广东省"三大海洋经济发展区""三大海洋经济合作圈""两大海洋前沿基地"的基础优势、功能互补和推动效应，得出广东省海洋经济高质量发展的整体状况。

（2）广东省海洋经济高质量发展的驱动机制效应检验

运用 DEA-Malmquist 模型、创新驱动力指数和 DPSIR 模型，评价广东省海洋经济高质量发展的驱动机制效应。通过多种实证方法对广东省海洋经济高质量发展的驱动机制效应进行深入分析。

（3）广东省海洋经济高质量发展的系统演化路径实施

从资源、环境和经济 3 个层面构建广东省海洋复合系统，运用熵权TOPSIS 方法进行测算，通过建立 Logistic 模型，对广东省海洋资源环境经济复合系统演化过程进行拟合分析和趋势预测。

（4）广东省海洋经济高质量发展政策有效性检验和政策建议

对广东省海洋经济高质量发展的政策实践进行持续追踪以及有效性检验分析，总结政策实践及实践过程中存在的困境，提出政策建议，为我国其他沿海省份提供合理、可行的借鉴。

1.4.3　研究方法

本书基于实证与规范结合、理论与典型匹配的前提，分析广东省海洋经济高质量发展驱动机制及系统演化，其研究方法包括以下5种。

（1）文献归纳法

通过梳理大量国内外文献资料，界定海洋经济高质量发展的基本概念，对广东省海洋经济高质量发展的驱动机制及系统演化的内在机理进行理论分析，为我国海洋经济高质量发展理论体系构建及运用提供理论指导与依据。

（2）调查研究法

通过实地调研、个案分析等方式，对广东省"三大海洋经济发展区""三大海洋经济合作圈""两大海洋前沿基地"进行考察，结合相关理论，研究其发展特征；通过对广东省涉海政府部门负责人、涉海企业代表展开访谈来获取广东省海洋经济发展相关信息，包括海洋经济的政策制定、产业基础、资源状况、发展规划等，进行深度挖掘，明晰广东省海洋高质量发展的布局特征，研究现阶段广东省海洋经济高质量发展的现状与存在的问题，为实证研究奠定基础。

（3）定性基模法

从内涵特征、理论依据、动力因素识别等多角度研究广东省海洋经济高质量发展的驱动机制，将其划分为广东省海洋经济高质量发展的投入产出机制、动力传导机制和影响作用机制，以进一步深入探究广东省海洋经济高质量发展驱动机制的内在机理。

（4）定量模型法

采用DEA-Malmquist模型、创新驱动力指数和DPSIR模型等方法，在分析广东省海洋经济高质量发展的影响因素基础上，合理构建广东省海洋经济高质量发展的"投入—产出"模型、创新驱动力模型和驱动因素模型，对广东省海洋经济高质量发展的驱动机制及系统演化进行实证分析，从广东省区域层面，揭示我国海洋经济高质量发展规律。

（5）政策追踪法

以广东省海洋经济高质量发展的政策文本和成果产出为研究主题，对广东省海洋经济高质量发展的政策实践进行持续追踪以及有效性检验分析，并提出广东省海洋经济高质量发展的政策建议。

1.5 创新点与不足之处

1.5.1 创新点

（1）学术思想创新

对海洋经济高质量发展的理论进行研究，并从实证分析视角对广东省海洋经济高质量发展驱动机制及系统演化进行归纳和评价，从理论层面出发明确界定海洋经济高质量发展的内涵及外延，形成能够有效反映驱动机制内在运行机理的集成研究方案，并提出其发展对策建议，具有重要的理论价值与现实意义。

（2）学术观点创新

结合广东省海洋经济高质量发展的驱动机制及系统演化情况，分析广东省海洋经济高质量发展在不同时期阶段体现的驱动机制和系统演化特征，将海洋经济与高质量发展有机、紧密地联系在一起，以系统发展视角，探索其具体实践路径。

（3）研究方法创新

运用DEA-Malmquist模型、创新驱动力指数和DPSIR模型，基于广东省海洋经济高质量发展的影响因素，研究海洋经济高质量发展驱动机制及系统演化运行的内在机理，对政策实践进行持续追踪以及有效性检验分析，提出广东省海洋经济高质量发展政策建议。

1.5.2 不足之处

本书理论基础研究较少涉及其他交叉学科。海洋经济高质量发展不仅与经济发展等传统理论领域有关，而且涉及系统动力学等新兴理论领域。因此，需要在经济发展、产业发展、系统演化等相关理论基础上，围绕海洋经济高质量发展的基础、关键和保障，展开详细的理论框架搭建与分析。然而，本书主要基于海洋研究领域的相关理论，而较少涉及其他交叉学科的理论体系。因而，本书存在理论基础研究不全的问题。

本书现状基础分析较少涉及最新前沿情况。本书通过实地调研、广泛联系等方式对广东省"三大海洋经济发展区""三大海洋经济合作圈""两大海洋前沿基地"进行调查，收集并掌握相关的数据和资料，得出广东省海洋经济高质量发展的整体状况。然而，受到数据收集、实地调研、采访访谈等相关时空条件限制，本书难以收集和掌握广东省海洋经济高质量发展最新前沿工程、方案、举措、规划等相关的数据和资料。

1.6 本章小结

本章介绍和分析了海洋经济高质量发展面临的国际、国内背景，归纳和梳理了国内外关于海洋经济高质量发展的相关研究进展及成果，介绍了本书的研究思路、研究内容和研究方法，为深入研究广东省海洋经济高质量发展的驱动机制及系统演化提供了充足的理论、现实依据。

参 考 文 献

[1] 黄英明，支大林. 南海地区海洋产业高质量发展研究——基于海陆经济一体化视角 [J]. 当代经济研究，2018（9）：55-62.

[2] 张耀光，刘锴，王圣云，等. 中国与世界多国海洋经济与产业综合实力对比分析 [J]. 经济地理，2017，37（12）：103-111.

[3] 张得银，姚宋宇，贾佟彤. 海洋经济发展中政府作用的国际比较研究 [J]. 大陆桥视野，2020（2）：83-89.

[4] 都晓岩，韩立民. 海洋经济学基本理论问题研究回顾与讨论 [J]. 中国海洋大学学报（社会科学版），2016（5）：9-16.

[5] 周春华，阚卫华. 国外蓝色经济发展模式及其对青岛的启示

[J]. 中共青岛市委党校. 青岛行政学院学报, 2012 (4): 35-38.

[6] 王雨辰. 人类命运共同体与全球环境治理的中国方案 [J]. 中国人民大学学报, 2018 (4): 67-74.

[7] 陈慧. 绿色发展视阈中"人类命运共同体"的构建 [J]. 广西社会科学, 2018 (2): 138-142.

[8] 新华网. 习近平: 决胜全面建成小康社会夺取新时代中国特色社会主义伟大胜利——在中国共产党第十九次全国代表大会上的报告 [EB/OL]. (2017-10-27) [2018-12-18]. http://www.xinhuanet.com/politics/19cpcnc/2017-10/27/c_ 1121867529. htm.

[9] 蒋永发, 陈树文. 习近平新时代中国特色社会主义思想的三重维度 [J]. 广东省社会主义学院学报, 2018 (4): 27-30.

[10] 曾璐瑶. 多维度解读十九大报告之"新时代" [J]. 中共济南市委党校学报, 2017 (6): 18-20.

[11] ANDRES M., CISNEROS M., MARCI M., et al. . Social equity and benefits as the nexus of a transformative blue economy: a sectoral review of implications [J]. Marine policy, 109 (C): 103702-103702.

[12] SURIS J. C., GARZA M. D., VARELA M. M.. Marine economy: a proposal for its definition in the European Union [J]. Marine policy, 2013, 42: 111 - 124.

[13] FPA D., EBA D., JC C., et al. . Marine protected areas overall success evaluation (MOSE): a novel integrated framework for assessing management performance and social-ecological benefits of MPAs [J]. Ocean & coastal management, 2020, 198.

[14] FINDLAY K.. Challenges facing marine protected areas in Southern African countries in light of expanding ocean economies across the sub-region [M]. 2020.

[15] ROCHWULANINGSIH Y., SULISTIYONO S. T., MASRUROH N. N., et al. . Marine policy basis of Indonesia as a maritime state: the importance of integrated economy [J]. Marine policy, 2019, 108: 1-8.

[16] VOYER M., FARMERY A. K., KAJLICH L., et al. . Assessing

policy coherence and coordination in the sustainable development of a blue economy: a case study from Timor Leste [J]. Ocean & coastal management, 2020, 192: 105187.

[17] MORRISSEY K., O'DONOGHUE C.. The Irish marine economy and regional development [J]. Marine policy, 2012, 36 (2): 358-364.

[18] SUGIAWAN Y., ISLAM M., MANAGI S.. Global marine fisheries with economic growth [J]. Economic analysis and policy, 2017, 55: 158-168.

[19] FINKE G., GEE K., GXABA T., et al.. Marine spatial planning in the benguela current large marine ecosystem [J]. Environmental development, 2020, 36 (12), 100569.

[20] HECKWOLF M. J., PETERSON A., JNES H., et al.. From ecosystems to socio-economic benefits: a systematic review of coastal ecosystem services in the Baltic Sea [J]. Science of the total environment, 2020, 755 (2): 142565.

[21] RASHID U.. Socio-economic benefits of large marine ecosystem valuation: the case of the benguela current large marine ecosystem [J]. Environmental development, 2016, 17: 244-248.

[22] 王圣, 孟庆武. 新常态下青岛市海洋经济拉动作用的机理及路径分析 [J]. 中共青岛市委党校. 青岛行政学院学报, 2015 (4): 124-128.

[23] 李晓璇, 刘大海, 李晨, 等. 海洋战略性新兴产业集群形成机理的初步探索 [J]. 海洋开发与管理, 2016, 33 (11): 3-8.

[24] 詹长根, 王佳利, 蔡春美. 沿海地区海洋经济效率及驱动机理研究 [J]. 工业技术经济, 2016, 35 (7): 51-58.

[25] 唐红祥, 张祥祯, 王立新. 中国海陆经济一体化时空演化及影响机理研究 [J]. 中国软科学, 2020 (12): 130-144.

[26] 程娜. 可持续发展视阈下中国海洋经济发展研究 [D]. 长春: 吉林大学, 2013.

[27] 狄乾斌, 於哲, 徐礼祥. 高质量增长背景下海洋经济发展的时空协调模式研究——基于环渤海地区地级市的实证 [J]. 地理科学, 2019, 39 (10): 1621-1630.

[28] 刘桂春, 史庆斌, 王泽宇, 等. 中国海洋经济增长驱动要素的时空差异 [J]. 经济地理, 2019, 39 (2): 132-138.

[29] 孙才志, 张坤领, 邹玮, 等. 中国沿海地区人海关系地域系统评价及协同演化研究 [J]. 地理研究, 2015, 34 (10): 1824-1838.

[30] 王泽宇, 郭婷, 范元兴. 中国海洋经济高质量发展水平测度 [J]. 海洋经济, 2020, 10 (4): 13-24.

[31] 狄乾斌, 尚青, 於哲. 高质量发展目标下海洋经济复合系统协调发展研究——以辽宁省为例 [J]. 海洋开发与管理, 2020, 37 (7): 62-70.

[32] 丁黎黎. 海洋经济高质量发展的内涵与评判体系研究 [J]. 中国海洋大学学报 (社会科学版), 2020 (3): 12-20.

[33] 栾维新, 沈正平. 以江海联动为重点推进陆海统筹 [J]. 群众, 2017 (22): 33-34.

[34] 王伟, 陈梅雪. 金融支持海洋产业发展的国际经验及启示 [J]. 浙江金融, 2019 (4): 23-28.

[35] 陈东景, 刘海朋. 海洋战略性新兴产业支撑条件评价与障碍因素诊断——以山东省为例 [J]. 东方论坛, 2018 (2): 51-57.

[36] 苟露峰, 杨思维. 海洋科技进步、产业结构调整与海洋经济增长 [J]. 海洋环境科学, 2019, 38 (5): 690-695.

[37] 孙才志, 郭可蒙, 邹玮. 中国区域海洋经济与海洋科技之间的协同与响应关系研究 [J]. 资源科学, 2017, 39 (11): 2017—2029.

[38] 张文亮. 天津海洋"十三五"发展战略的几点思考 [J]. 求知, 2018 (3): 45-47.

[39] 鲁亚运, 原峰, 李杏筠. 我国海洋经济高质量发展评价指标体系构建及应用研究——基于五大发展理念的视角 [J]. 企业经济, 2019, 38 (12): 122-130.

[40] 刘波, 龙如银, 朱传耿, 等. 江苏省海洋经济高质量发展水平评价 [J]. 经济地理, 2020, 40 (8): 104-113.

[41] 黄灵海. 关于推动我国海洋经济高质量发展的若干思考 [J]. 中国国土资源经济, 2021, 34 (6): 58-65.

[42] 王江涛. 我国海洋产业供给侧结构性改革对策建议 [J]. 经济

纵横，2017（3）：41-45.

[43] 吴梵，高强，刘韬. 供给侧结构性改革下海洋环境污染治理新思路——以山东半岛蓝色经济区为例［J］. 生态经济，2017，33（8）：179-183.

[44] 刘洋，裴兆斌，姜义颖. 辽宁省海洋生态文明建设中的供给侧改革路径研究［J］. 海洋经济，2016，6（6）：3-9.

[45] 向晓梅，张拴虎，胡晓珍. 海洋经济供给侧结构性改革的动力机制及实现路径——基于海洋经济全要素生产率指数的研究［J］. 广东社会科学，2019（5）：27-35.

[46] 吕明元，陈维宣. 中国产业结构升级对能源效率的影响研究——基于 1978—2013 年数据［J］. 资源科学，2016，38（7）：1350-1362.

[47] 张晖，孙鹏，余升国. 陆海统筹发展的产业链整合路径研究［J］. 海洋经济，2019，9（6）：3-10.

[48] 孙世芳，吴浩，谢慧. 加快新旧动能转换，推动工业高质量发展［N］. 经济日报，2018-08-16（16）.

[49] 张占海. 打通海洋信息资源"大动脉"推进海洋信息化进程——《关于进一步加强海洋信息化建设的若干意见》解读［J］. 海洋信息，2018（1）：7-10.

[50] 姜丽. 我国区域海洋经济综合发展实力评价研究［J］. 特区经济，2018（3）：38-42.

[51] 胡晓珍. 中国海洋经济绿色全要素生产率区域增长差异及收敛性分析［J］. 统计与决策，2018，34（17）：137-140.

[52] 李福柱，张耀木. 中国三大沿海地区海洋经济与区域总体经济波动协动性分析［J］. 中国海洋经济，2019（1）：1-20.

[53] 葛浩然，朱占峰，钟昌标，等. 环境规制对区域海洋经济转型的影响研究［J］. 统计与决策，2020，36（24）：111-114.

[54] 周叶，黄虹斌. 战略性新兴产业创新生态系统自组织演化条件及路径研究［J］. 技术与创新管理，2019，40（2）：158-162.

[55] 田善武，许秀瑞. 基于共生演化理论的区域创新系统演化路径分析［J］. 未来与发展，2019，43（10）：36-39+20.

[56] 邢馨，姜晓东. 复杂系统视角下高新区在区域中心城市复杂性演化中的管理——以徐州高新区为例 [J]. 系统科学学报，2020（4）：118-121

[57] 胡慧玲. 产学研协同创新系统耦合机理分析 [J]. 科技管理研究，2015，35（6）：26-29.

[58] 单海燕，杨君良. 长三角区域城市生态系统健康评价分析 [J]. 阅江学刊，2017，9（3）：62-71+146.

[59] 高世萍，武斌，杜金铭，等. 激励机制下合作行为的演化动力学 [J]. 控制理论与应用，2018，35（5）：627-636.

[60] 徐君，任腾飞，戈兴成，等. 资源型城市创新生态系统的驱动效应分析 [J]. 科技管理研究，2020，40（10）：26-35.

[61] 杨宜，徐鲲，徐枫. 基于演化博弈的科技金融主体合作策略与监督机制研究 [J]. 科技管理研究，2018，38（10）：204-211.

[62] 王莉，游竹君. 基于知识流动的创新生态系统价值演化仿真研究 [J]. 中国科技论坛，2019（6）：48-55.

[63] 唐晓莉，宋之杰. 共享经济参与主体协同消费行为的演化博弈分析 [J]. 企业经济，2019（1）：66-72.

[64] 王景荣，徐荣荣. 基于自组织理论的区域创新系统演化路径分析——以浙江省为例 [J]. 科技进步与对策，2013，30（9）：27-32.

[65] 吴伟. 区域低碳技术创新系统协同演化路径 [J]. 中国流通经济，2014，28（10）：66-73.

[66] 任相伟，孙丽文. 绿色经济的内涵、演化逻辑及推进路径——基于经济-生态-社会复杂系统视角 [J]. 技术经济与管理研究，2020（2）：88-93.

[67] 赵昕，孙瑞杰. 基于自组织理论的海陆产业系统演化研究综述与趋势分析 [J]. 经济学动态，2009（6）：94-97.

[68] 孙才志，张坤领，邹玮，等. 中国沿海地区人海关系地域系统评价及协同演化研究 [J]. 地理研究，2015，34（10）：1824-1838.

[69] 滕欣，董月娥. 海陆经济竞合协同演化模型及策略分析 [J]. 海洋开发与管理，2015，32（9）：90-95.

[70] 高乐华, 高强. 海洋生态经济系统界定与构成研究 [J]. 生态经济, 2012 (2): 62-66.

[71] 李帅帅, 施晓铭, 沈体雁. 海洋经济系统构建与蓝色经济空间拓展路径研究 [J]. 海洋经济, 2019, 9 (1): 3-7.

[72] 丁黎黎. 海洋经济高质量发展的内涵与评判体系研究 [J]. 中国海洋大学学报 (社会科学版), 2020 (3): 12-20.

[73] 孙伯良, 王爱民. 浙江省海洋经济-资源-环境系统协调性的定量测评 [J]. 中国科技论坛, 2012 (2): 95-101.

[74] 盖美, 钟利达, 柯丽娜. 中国海洋资源环境经济系统承载力及协调性的时空演变 [J]. 生态学报, 2018, 38 (22): 7921-7932.

[75] 高强, 刘韬, 王妍, 等. 海洋生态经济系统协调发展评价研究——以海南省为例 [J]. 海洋环境科学, 2019, 38 (4): 568-574.

[76] 狄乾斌, 徐东升, 周乐萍. 基于 STELLA 软件的海洋经济可持续发展系统动力学模型研究 [J]. 海洋开发与管理, 2012, 29 (3): 90-94.

[77] 姜旭朝, 刘铁鹰. 海洋经济系统: 概念、特征与动力机制研究 [J]. 社会科学辑刊, 2013 (4): 72-80.

[78] 王泽宇, 卢函, 孙才志, 等. 中国海洋经济系统稳定性评价与空间分异 [J]. 资源科学, 2017, 39 (3): 566-576.

[79] 殷克东, 王伟, 冯晓波. 海洋科技与海洋经济的协调发展关系研究 [J]. 海洋开发与管理, 2009, 26 (2): 107-112.

[80] 李博, 张帅, 邓昭. 海洋科技投入与海洋经济增长关联度及相对效率分析 [J]. 云南地理环境研究, 2017, 29 (2): 22-28.

[81] 徐胜, 章海伦. 创新驱动中国海洋经济结构转型研究: 基于"五维一体"联合评价模型和 PLSR 模型 [J]. 中国渔业经济, 2018, 36 (1): 5-12.

[82] 李大海, 翟璐, 刘康, 等. 以海洋新旧动能转换推动海洋经济高质量发展研究: 以山东省青岛市为例 [J]. 海洋经济, 2018, 8 (3): 20-29.

[83] 孙才志, 郭可蒙, 邹玮. 中国区域海洋经济与海洋科技之间的协同与响应关系研究 [J]. 资源科学, 2017, 39 (11): 2017—2029.

[84] 李华, 高强. 科技进步、海洋经济发展与生态环境变化 [J]. 华东经济管理, 2017, 31 (12): 100-107.

[85] 苏为华, 王龙, 李伟. 中国海洋经济全要素生产率影响因素研究: 基于空间面板数据模型 [J]. 财经论丛, 2013 (3): 9-13.

[86] 丁黎黎, 朱琳, 何广顺. 中国海洋经济绿色全要素生产率测度及影响因素 [J]. 中国科技论坛, 2015 (2): 72-78.

[87] 刘大海, 李晓璇. 海洋全要素生产率测算研究: 2001—2015 年 [J]. 海洋开发与管理, 2018, 35 (1): 3-6.

[88] 栾维新, 杜利楠. 我国海洋产业结构的现状及演变趋势 [J]. 太平洋学报, 2015 (8): 80-89.

[89] 苑清敏, 申婷婷, 冯冬. 我国沿海地区海陆战略性新兴产业协同发展研究 [J]. 科技管理研究, 2015 (9): 99-104.

[90] 于会娟, 姜秉国. 海洋战略性新兴产业的发展思路与策略选择——基于产业经济技术特征的分析 [J]. 经济问题探索, 2016 (7): 106-111.

[91] 王舒鸿, 孙晓丽. 海洋产业现代化、经济发展与生态保护 [J]. 中国海洋大学学报 (社会科学版), 2018 (4): 15-26.

经济高质量发展的研究热点与前沿

2.1 研究方法与数据来源

2.1.1 研究方法

知识图谱通过可视化方式展现出研究领域学科结构、发展历史和知识构架[1]。因而，知识图谱具有直观、定量等多种优点。自陈超美教授（2006）开发 CiteSpace 软件后，知识图谱在我国蓬勃发展，在科学计量、信息计量和文献计量等众多领域得到广泛应用[2,3]。邱鹄、王华（2020）运用文献计量方法，掌握国内"一带一路"研究现状[4]；凡庆涛等（2020）运用 CiteSpace 可视化工具，分析科研管理主题文献，归纳我国科研管理工作启示[5]；孙伟（2020）用知识图谱分析国外创业网络相关文献，归纳该领域热点[6]。由于知识图谱表现形式不断改变，其应用也呈现出多元化态势。

本章选用 CiteSpace 软件对文献进行分析，通过节点大小、网络连接度等要素展示研究热点、前沿。首先，将中国知网数据库下载为 RefWorks 格式文件，然后利用 CiteSpace 5.6 版本软件把 RefWorks 格式转换为可识别格式文件，时间切片设为 1 年，节点类型按照研究需要依次选取作者合作、机构共现等进行分析，阈值选择每个时间切片中的前 Top50，图谱修剪方式采用寻径和合并网络，图谱可视化方式运用静态聚类。最后在上述参数设置基础上运行软件，得到聚类可视化图谱。

2.1.2 数据来源

选择中文核心期刊和 CSSCI 来源期刊，以"海洋经济质量 or 海洋经济效率 or 海洋经济高质量"为检索词，同时分类目录选择"哲学与人文社科""经济与管理科学"和"社会科学Ⅰ、Ⅱ辑"，选择时间为2000—2020年。这样设置的主要考虑是，这3个检索词基本能覆盖大部分的海洋经济高质量发展研究文献，核心以上期刊权威性较强，同时去除自然科学、理工学科，保留社会科学和经济管理类文献。经过精确检索，共得到275条文献记录。

2.2 海洋经济高质量发展的研究现状

2.2.1 文献时间序列分布

研究文献时间序列分布能够了解文献在各阶段的研究趋势与变化情况[7]。因此，本章根据CNKI数据库导出的文献数据，分析所收集文献的时间序列，绘制出海洋经济高质量发展的研究文献年度分布图（见图2-1）。

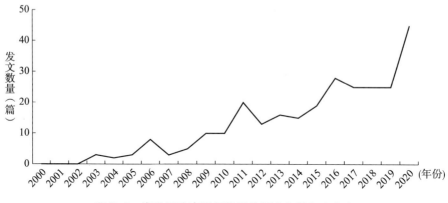

图2-1　海洋经济高质量发展的研究文献年度分布

由图2-1可知，按研究文献的分布情况，可以将海洋经济高质量发展的研究分为3个阶段。第一阶段：2000—2007年，随着相关海洋经济规划的制定和实施，各沿海省份海洋经济活动明显增多，学界开始关注海洋经济领域相关问题，文献数量较少，处于起步阶段。第二阶段：2008—2011年，海洋经济高速发展，海洋资源、海洋生态领域问题也开始引起学者关注，海洋经济高质量发展的研究文献平稳增长，处于平稳阶段。第三阶段：2012—2020 年，由于建设海洋强国战略的提出、"高质量发展"概念的系统阐述等原因，海洋经济高质量发展成为研究热点，学者们从多角度展开深入研究，大大推进海洋经济高质量发展的研究，文献数量迅速上升，处于发展阶段。

2.2.2 来源期刊分布情况

通过对来源期刊分布情况进行分析，有利于为前期知识积累提供基础方向[8]。根据文献搜集情况，可以发现海洋经济高质量发展相关文献共分布在 634 个期刊中。

根据图 2-2，从数量上看，2000—2020 年刊文量最大的是《海洋环境科学》《资源科学》《地理科学》，均以资源、环境为主题，刊文数量分别为 12 篇、11 篇和 10 篇。其他刊文量较大的期刊，分别是《生态经济》《太平洋学报》《统计与决策》等，刊文量均在 6 篇以上。综合"北大中文核心期刊"和"CSSCI 来源期刊"的期刊研究主题情况，基础科学类期刊刊载海洋经济高质量发展论文数量最多，占总数的一半以上；其次是经济与管理科学类，最后是社会科学类。海洋经济高质量发展论文大量发表在基础科学类期刊，其次是经济与管理科学类期刊，这在一定程度上说明，海洋经济高质量发展不仅仅是经济领域的研究热点，还涉及资源、环境等基础科学领域的研究内容。

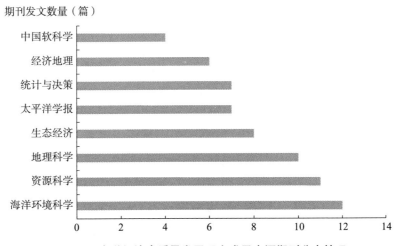

图 2-2　海洋经济高质量发展研究成果来源期刊分布情况

2.2.3 作者合作网络分析

本章运用 CiteSpace 软件分析海洋经济高质量发展的相关研究文献，以作者为节点进行合作网络分析。作者合作网络分析能够反映某一领域的核心作者及其合作强度与互引关系[9]，对海洋经济高质量发展研究活动予以管理和引导，进而推动该领域研究均衡、快速发展。

如图 2-3 所示，海洋经济高质量发展作者合作网络共包含 245 个节点（N）和 289 条边（E），密度（Density）仅为 0.0097。由此可见，虽然共有 245 名学者参与完成 275 篇学术论文，作者之间有一定合作，但是联系并不紧密，专注于海洋经济高质量发展研究的作者相对较少，仍然以个人或者小范围团队为主。孙才志发文量最大；其次是王泽宇、韩增林、狄乾斌占据节点位置较大；盖美、张耀光等发表的论文也占有一定比例。

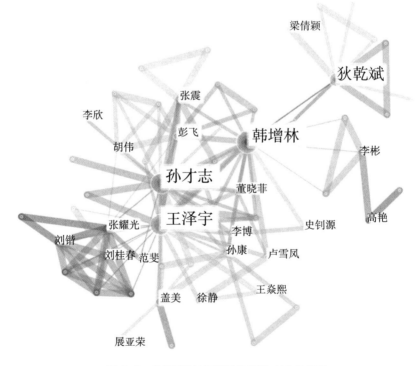

图 2-3 海洋经济高质量发展作者合作网络

2.2.4   研究机构共现分析

通过分析研究机构共现能够得到某一领域核心机构及机构间合作强度[10]，运用 CiteSpace 软件，生成海洋经济高质量发展研究机构共现图，如图 2-4 所示。

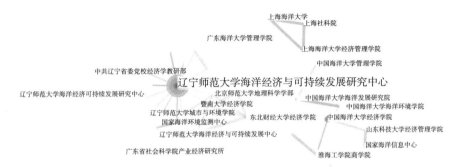

图 2-4   海洋经济高质量发展研究机构共现图

由图 2-4 可知，海洋经济高质量发展研究机构共现有 144 个节点，70 条连接，网络密度为 0.0068。因此，可以看出海洋经济高质量发展研究机构相对分散，研究机构之间较少交流联系，相关合作研究较为缺乏，尚未形成较大的研究规模。而且连接强度较强的研究机构往往处在同一地区或同一部门，跨地区或者跨部门的合作仍然较少。相关机构主要集中在高校，包括辽宁大学、中国海洋大学及其各类子机构，各类研究所和涉海学会也是其重要研究力量。

2.3   海洋经济高质量发展的研究热点分析

研究热点是指从文献提取出的重要信息，其能够反映出一定时间内学者们共同关心的焦点问题。通过所搜集文献高频关键词，找出主要研究热点，对认识学科现状有重要作用。

2.3.1   关键词共现分析

如果某个关键词频繁出现，则其表示的主题为研究热点[11]。关键词共现能分析关键词之间的亲属度，进而把握研究热点的变化趋势，探寻海洋经济高质量发展相关研究的热点角度。

如图 2-5 所示，通过 CiteSpace 软件分析，共得到 335 个关键词节点和由其组成的 614 条连线，网络密度为 0.011，可见海洋经济高质量发展研究联系较为紧密。"海洋经济"[12-15]、"海洋经济效率"[16-20]、"海洋资源"[21-25]、"可持续发展"[26-30]和"海洋产业"[31-35]等是学者们高频使用的关键词。海洋经济高质量发展不仅仅是提高经济发展速度，更强调可持续发展，通过提高海洋要素资源利用效率驱动当前海洋经济由高速增长转向高质量发展。因此，"海洋资源"和"海洋产业"成为学者们的研究热点，学术界和社会各领域已关注到海洋资源可持续、海洋产业结构升级的重要性。同时，由于海洋经济高质量发展研究时间较短，目前仍以基础理论研究为主。但是，关于海洋经济高质量发展衡量评价体系、评价标准的相关研究已经开始被探讨。因此，海洋经济高质量发展的研究在一定程度上已经由理论研究逐渐向深层次渗透，提高了海洋经济高质量发展的研究质量。

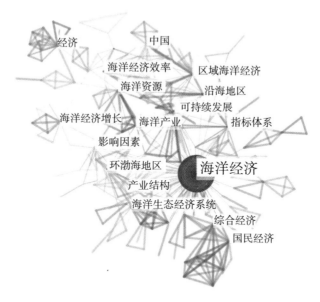

图 2-5　海洋经济高质量发展研究关键词共现

2.3.2　关键词聚类分析

为了更有效地把握海洋经济高质量发展的研究热点和趋势[36]，更深入地挖掘海洋经济高质量发展研究热点之间的深层次关系，根据关键词的不同特征，使用 Clustering 功能对关键词进行聚类分析。结果如图 2-6 所示。

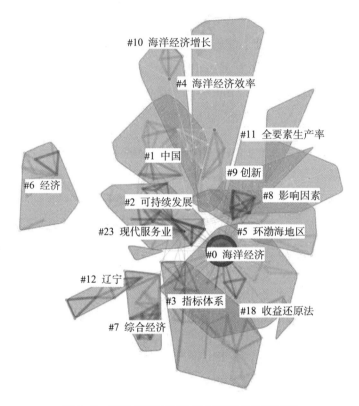

图 2-6　海洋经济高质量发展研究关键词聚类

综合比较，选用 CiteSpace 软件提供的 LLR 算法进行聚类主题提取，所得出的聚类标签较符合实际情况且重复率相对较低。由于分析数据为中文期刊，故而选用 K 聚类形式。最终分析形成的关键词共引网络，共有 18 个聚类。因此，可以推断，海洋经济高质量研究领域的高共引关键词具有明显聚类特征，已形成多个聚类，且多个聚类之间重合交叉并行。模块值（Modularity）为 0.774 > 0.3，平均轮廓值（Mean Silhouette）为 0.6119 > 0.5，表明该网络聚类结构合理，网络中各模块独立性较高，同时也具有一定关联。从图 2-6 可以看到，聚类最大的是 "#0 海洋经济"，其次是 "#1 中国"，第三位是 "#2 可持续发展"。可见该领域已形成多元研究视角。

2.4 海洋经济高质量发展的研究前沿分析

研究前沿在一定程度上能够反映研究动态、新兴趋势，突现词主要体现出研究前沿并预测未来发展方向。本章利用突现词探测、揭示研究前沿，时间节点选择为1年，节点类型为关键词，截取海洋经济高质量发展研究领域排名前16的突现词。结果如图2-7所示。

Top 16 Keywords with the Strongest Citation Bursts

Keywords	Year	Strength	Begin	End	2000—2020年
可持续发展	2000	1.7372	2003	2006	
辽宁	2000	1.0418	2005	2009	
区域海洋经济	2000	0.7879	2006	2008	
海洋产业	2000	0.7879	2006	2008	
海洋资源	2000	0.8747	2006	2008	
海洋开发	2000	0.9158	2006	2009	
综合经济	2000	0.8274	2009	2012	
海洋产业布局	2000	0.8063	2010	2013	
经济	2000	1.686	2011	2014	
灰色关联分析	2000	1.4081	2011	2013	
环渤海经济圈	2000	0.7888	2011	2014	
时空分异	2000	0.8626	2015	2017	
影响因素	2000	1.6456	2015	2017	
数据包络分析（dea）	2000	0.845	2016	2018	
效率	2000	0.845	2016	2018	
VAR模型	2000	1.5148	2017	2020	

图2-7 海洋经济高质量发展研究关键词演进

按照上文的文献时间序列分布情况，海洋经济高质量发展的研究前沿也相应划分为3个阶段，不同阶段的研究前沿和研究热点也可以相互印证。

（1）2000—2007年，共出现6个突现词

2003年，首次出现突现词"可持续发展"，并持续到2006年，说明这一期间，可持续发展处于海洋经济高质量发展的研究前沿。"海洋产业"

"海洋资源""海洋开发"等突现词从 2006 年开始出现，说明基于可持续发展要求，国内学者围绕海洋产业、海洋资源等涉海领域进行了基础探索。

（2）2008—2011 年，共出现 5 个突现词

"综合经济"、"海洋产业布局"和"环渤海经济圈"等突现词的出现，说明海洋经济高质量发展研究从基础理论层面转向实践分析层面，综合考虑多方因素，强调协调发展。结合国家关于海洋经济发展的工作安排，研究特定区域的海洋经济问题，围绕着海洋产业领域从实践视角提出具体的布局措施、建议等。

（3）2012—2020 年，共出现 5 个突现词

此阶段海洋经济高质量发展研究从宏观研究层面进入微观实证层面，出现"时空分异""影响因素"等突现词，通过研究海洋经济发展演化过程，分析影响因素，进行微观实证研究。同时，"DEA""VAR 模型"等突现词也表明，海洋经济高质量发展研究开始结合多种计量方法。

2.5　海洋经济高质量发展的研究展望

2.5.1　整体情况

本章借助 CiteSpace 文献计量工具，采用传统文献研究与知识图谱相结合的方法，对 2000—2020 年国内海洋经济高质量发展研究文献进行分析，探究其研究热点、研究前沿的动态发展。

本章基于 CiteSpace 软件对海洋经济高质量发展的相关研究文献进行了统计与分析，结合研究脉络进行了梳理。结果发现，海洋经济高质量发展文献数量逐年增加，受到了广大学者的关注，但核心作者与研究机构之间合作仍不紧密。海洋经济高质量发展围绕经济效率、海洋资源、海洋产业等研究热点展开，但是现有研究以基础理论研究为主，未形成统一的研究框架和评价体系。对于海洋经济高质量发展的研究前沿动态，本章按照 3 个阶段，从围绕海洋资源、海洋产业相关基础理论到研究特定区域海洋经济问题的实践分析，进而发展到海洋经济效率测算、动态关系等微观实践。随着海洋经济高质量发展研究的不断推进，理论与实践结合得更加紧

密，研究愈加深入和多元。

2.5.2 研究展望

基于以上研究结果可知，海洋经济高质量发展在未来的发展中具有重要的研究价值，将会成为当前乃至未来一段时间内的重点研究领域。相关研究应该重点关注以下4个方面。

第一，构建海洋经济高质量发展综合评价体系。随着海洋经济高质量发展研究逐步从基础理论过渡到实践分析，如何构建统一指标框架下的海洋经济高质量发展综合评价体系将会是研究趋势之一。海洋经济高质量发展综合评价体系直接指导海洋经济工作开展，因而，其既要涵盖长期、中期和宏观、微观等多个层次，又要包括投入、产出等多个子评价系统。为此，需要将高质量作为评价导向和标准，加快形成涵盖指标体系、绩效评价等在内的海洋经济高质量发展综合评价体系，从而进行科学评价。

第二，探索创新驱动海洋经济高质量发展机理。创新驱动是当前研究热点之一，要通过提高创新水平、创新效率，驱动海洋经济高质量发展。现有学者对于创新驱动的研究主要集中在技术创新、技术进步对海洋经济高质量发展的影响促进方面，相关研究整体上仍处于初步探索阶段，较少涉及创新驱动对海洋经济高质量发展的内在机理。因此，本书探索创新驱动海洋经济高质量发展机理，以期对海洋经济高质量发展机理进行系统全面的解释；同时，能够为进一步深入识别、分析海洋经济高质量发展的动力因素及其驱动机制，提供坚实的理论支撑。

第三，提出海洋经济高质量发展具体实现路径。我国重点沿海省份的海洋经济高质量发展布局由于资源禀赋、社会发展程度不同可能存在较大差异。如何在这些差异的基础上，归纳出海洋经济高质量发展的共性规律，提出具体实现路径是加快新时期我国海洋经济高质量发展的重大研究方向。根据发展情况和需求，不同地区通过发展地区海洋特色产业、加强海洋资源要素流动等方式，实现区域海洋经济高质量发展，消除海洋经济发展地区差异。提出适合的海洋经济高质量发展具体实现路径，有利于提高我国海洋经济整体发展水平，对于支撑国家深化落实海洋强国战略具有重要的实践价值。

第四，检验海洋经济高质量发展的政策有效性。国内外学者为解决海洋经济发展面临的困境已经提出了许多政策建议，部分建议得到采纳和运用，政府职能部门对于海洋经济领域的政策也在不断完善。然而，国内对于政策有效性检验尚缺乏量化、系统、深入的研究。本书以我国重点沿海省份、典型沿海区域的海洋经济高质量发展政策文本为研究主体，通过对其进行持续追踪，并结合海洋经济高质量发展政策对海洋经济生产活动产生的影响，检验海洋经济高质量发展政策实践有效性，以期科学、合理和有效地推进海洋经济高质量发展及政策制定。

2.6　本章小结

海洋经济高质量发展这一研究领域被各研究机构和专家学者广泛关注并深入研究。目前，国内关于海洋经济高质量发展的研究成果主要集中在评价指标、效率测算和对策建议等领域。现有关于海洋经济高质量发展的文献综述主要是对文献资料的归纳和总结。

为科学、合理和有效地推进我国海洋经济高质量发展及其政策制定，并为深入贯彻"拓展蓝色经济空间"和"加快建设海洋强国"战略提供理论支撑与决策支持，本章基于中国知网（CNKI）数据库，采用 CitesSpace 软件，分析我国海洋经济高质量发展的研究热点和前沿，并进一步提出研究展望。

参 考 文 献

［1］赵慧莎，李向韬，王金莲.1998—2014 年国内区域旅游研究发展知识图谱——基于 CiteSpace 的科学计量分析［J］. 干旱区资源与环境，2016，30（4）：203-208.

［2］CHEN C. CiteSpace II：detecting and visualizing emerging trends and transient patterns in scientific literature［J］. Journal of the American society for information science and technology，2006，57（3）：359-377.

［3］CHEN C. . Searching for intellectual turning points：progressive knowledge domain visualization［J］. Proceedings of the national academy of sciences，2004，101（1）：5303-5310.

[4] 邱鹄，王华. 我国"一带一路"研究述评——基于科学知识图谱的文献计量分析 [J]. 北京交通大学学报（社会科学版），2020（1）：1-13.

[5] 凡庆涛，黄劲松，杜赟，等. 我国科研管理领域研究概貌与热点分析——基于科学知识图谱视角 [J]. 科学与管理，2020，40（1）：92-101.

[6] 孙伟. 国外创业网络的知识图谱分析 [J]. 技术经济与管理研究，2020（3）：37-41.

[7] 颜晓燕，金辛玫，童图军. 我国环境规制的研究热点与发展脉络——基于 CNKI 的可视化分析 [J]. 江西社会科学，2019，39（5）：99-110.

[8] 胡春阳，刘秉镰，廖信林. 中国区域协调发展政策的研究热点及前沿动态——基于 CiteSpace 可视化知识图谱的分析 [J]. 华南师范大学学报（社会科学版），2017（5）：98-109.

[9] 胡泽文，孙建军，武夷山. 国内知识图谱应用研究综述 [J]. 图书情报工作，2013，57（3）：131-137.

[10] 揭筱纹，邱璐，李小平. 绿色产品创新研究的知识图谱：基于 Web of Science 数据的文献计量分析 [J]. 吉首大学学报（社会科学版），2018，39（3）：80-91.

[11] 冯佳，王克非，刘霞. 近二十年国际翻译学研究动态的科学知识图谱分析 [J]. 外语电化教学，2014（1）：11-20.

[12] 狄乾斌，周慧. 中国沿海地区人口发展与海洋经济互动关系研究 [J]. 海洋通报，2019，38（5）：499-507.

[13] 狄乾斌，於哲，徐礼祥. 高质量增长背景下海洋经济发展的时空协调模式研究：基于环渤海地区地级市的实证 [J]. 地理科学，2019，39（10）：1621-1630.

[14] 狄乾斌，刘欣欣，曹可. 中国海洋经济发展的时空差异及其动态变化研究 [J]. 地理科学，2013，33（12）：1413-1420.

[15] 赵昕，李慧. 澳门海洋经济高质量发展的路径 [J]. 科技导报，2019，37（23）：39-45.

[16] 盖美，朱静敏，孙才志，等. 中国沿海地区海洋经济效率时空演化及影响因素分析 [J]. 资源科学，2018，40（10）：1966—1979.

[17] 狄乾斌，梁倩颖. 碳排放约束下的中国海洋经济效率时空差异及影响因素分析 [J]. 海洋通报，2018，37（3）：272-279.

[18] 许林，赖倩茹，颜诚. 中国海洋经济发展的金融支持效率测算：基于三大海洋经济圈的实证 [J]. 统计与信息论坛，2019, 34 (3)：64-75.

[19] 丁黎黎，郑海红，刘新民. 海洋经济生产效率、环境治理效率和综合效率的评估 [J]. 中国科技论坛，2018 (3)：48-57.

[20] 盖美，刘丹丹，曲本亮. 中国沿海地区绿色海洋经济效率时空差异及影响因素分析 [J]. 生态经济，2016, 32 (12)：97-103.

[21] 付秀梅，李晓燕，王晓瑜，等. 中国海洋生物医药产业资源要素配置效率研究：基于区域差异视角 [J]. 科技管理研究，2019, 39 (16)：205-211.

[22] 姚春宇，王泽宇. 海洋资源对海洋经济增长的影响：基于沿海 11 省市面板数据门槛回归分析 [J]. 资源开发与市场，2019, 35 (8)：1001-1007.

[23] 苑晶晶，吕永龙，贺桂珍. 海洋可持续发展目标与海洋和滨海生态系统管理 [J]. 生态学报，2017, 37 (24)：8139-8147.

[24] 金显仕，窦硕增，单秀娟，等. 我国近海渔业资源可持续产出基础研究的热点问题 [J]. 渔业科学进展，2015, 36 (1)：124-131.

[25] 刘佳，万荣，陈晓文. 山东省蓝色经济区海洋资源承载力测评 [J]. 海洋环境科学，2013, 32 (4)：619-624.

[26] 韩增林，胡伟，钟敬秋，等. 基于能值分析的中国海洋生态经济可持续发展评价 [J]. 生态学报，2017, 37 (8)：2563-2574.

[27] 程娜. 基于经济全球化视角的中国海洋文明与可持续发展研究 [J]. 经济纵横，2014 (12)：20-23.

[28] 郑颖娟，李夫星，白琳红，等. 河北省海洋可持续发展动态评价 [J]. 水土保持通报，2013, 33 (5)：290-297.

[29] 纪明，程娜. 可持续发展技术观下的中国海洋生态环境保护分析 [J]. 社会科学辑刊，2013 (3)：110-114.

[30] 秦宏，孙浩杰. 海洋经济可持续发展度实证分析：以山东省为例 [J]. 东岳论丛，2011, 32 (1)：139-142.

[31] 马贝，高强，李华，等. 亚太国家海洋产业发展经验及启示 [J]. 世界农业，2018 (2)：21-27.

[32] 刘锴，宋婷婷. 辽宁省海洋产业结构特征与优化分析 [J]. 生

态经济，2017，33（11）：82-87.

[33] 高阳，冯喆，许学工.环渤海海洋产业绿色 GDP 核算 [J].环境科学研究，2017，30（9）：1479-1488.

[34] 马贝，王彦霖，高强.国外海洋产业发展经验对中国的启示 [J].世界农业，2016（7）：79-84.

[35] 于谨凯，于海楠，刘曙光.我国海洋经济区产业布局模型及评价体系分析 [J].产业经济研究，2008（2）：60-67.

[36] 林春培，刘佳，田帅.基于文献计量的国内海上丝绸之路研究热点分析 [J].情报杂志，2018，37（2）：182-187.

海洋经济高质量发展的理论基础研究

3.1 相关概念

3.1.1 海洋经济

海洋经济在《海洋大辞典》中被表述为"开发利用海洋资源、空间过程中的生产、经营、管理等经济活动的总称"[1]；在《现代科学技术名词选编》中，是指"为开发海洋资源和依赖海洋空间而进行的生产活动"[2]。由此可见，海洋经济具有丰富的概念内涵。海洋经济活动主要通过海洋产业实现，因而研究海洋经济概念必然与产业有关。从产业层面理解，海洋经济是指"开发利用海洋的相关产业与各种经济活动的总称"[3]。另外，海洋经济作为生产活动的一种类型，与人类息息相关。从关系层面理解，海洋经济是指"直接从海洋中获取、应用于海洋活动的产品及其生产和服务"[4]。经济发展必然需要资源支撑，而资源在一定条件下也会影响经济发展。从资源层面理解，海洋经济是指"开发海洋及其空间范围内的一切海洋资源的经济活动"。国内学术界有"以海洋为活动场所和以海洋资源为开发对象的各种经济活动的总和"[5]"人类在海洋中及以海洋资源为对象的社会生产、交换、分配和消费活动"[6]等表述。随着世界各国、国际组织等对海洋经济越来越重视，组织专家研讨、相互交流，相信对海洋经济的概念能够形成普遍共识。

美国、加拿大、澳大利亚、日本等海洋经济较为发达的国家则从不同角度对海洋经济的内涵进行定义。美国制定的《国家海洋经济》将海洋经济定义为"来自海洋及其资源为某种经济直接或间接地提供产品或者服务的活动"；加拿大的海洋经济活动范围是指在海洋区域以及与此相连的沿海区域内的产业活动，包括海洋娱乐、商业、贸易和开发活动；澳大利亚则是以产业范畴对海洋经济进行定义，是指"利用海洋资源进行的生产活动，或是以海洋资源作为主要投入的生产活动"；日本没有直接对海洋经济进行定义，而是在《日本海洋基本法》中将海洋产业定义为"开发、利用和保护海洋的活动"。从上述海洋经济较为发达的国家对海洋经济的定义可以发现，其来源主要有国家法律、国家标准和国家海洋发展战略。

对比中外关于海洋经济、产业的定义可知，我国与日本等国家海洋经济、产业的内涵较为接近，均在海洋经济的定义中包括直接开发、利用海洋经济相关的活动；与澳大利亚等国家相比，我国对于海洋经济、产业的定义则更为广泛，我国海洋经济定义除利用海洋资源的产业活动之外，还包括为保护海洋发生的生产和服务活动；与美国相比，我国对于海洋经济、产业的外延有不同的理解，美国将海洋经济的地理覆盖范围扩大到海洋、海岸带和五大湖水域，而我国对海洋经济的认识集中在海洋和海岸带范围。

3.1.2 高质量发展

高质量发展是经济结构和社会结构持续高级化的一个过程。在高质量发展阶段，不仅仅关注经济的总量和规模，而是辩证地看待"量"与"质"的关系。具体来讲，高质量发展在经济总量上表现为产品和劳务的增加，而在经济结构上则表现为结构的优化和改进；经济稳定、卫生健康改善、生态平衡、文化多样等是高质量发展的进程。除此之外，高质量发展具体还指高效率，在保持增长速度的同时，通过提升质量以获取经济增长。

高质量发展与高速增长存在本质上的不同。目标不同：高质量发展体现的是现代化发展目标，通过信息化和工业化融合为经济发展创造新的增长点，而高速增长体现的是发展的目标，追求扩大经济总量，以要素投入驱动经济增长。内涵不同：高质量发展衡量效率、稳定、持续等情况，以实现量与质的协调和经济、社会、生态效益的结合；而高速增长以总产出进行衡量，忽略经济的持续与健康。要求不同：高质量发展依靠技术、信息等高级要素,从粗放转向集约的经济增长模式,转换发展的新旧动能;而高速增长则要求单一的经济总量与增速,对于经济发展的质量欠缺足够的考量。

从高速度到高质量,这是一个量变到质变的过程。高质量发展具有多维性,把握高质量发展的内涵,要从高质量发展的本质属性出发,结合系统视角和民生视角进行理解。高质量发展具有系统性特征,党的十九大报告围绕推动高质量发展,提出六大主要措施,涉及区域空间、现代化产业、能源经济、生态环境、民生、对外开放。因此,要在系统视角下,解读高质量发展的概念内涵。高质量发展本质上属于民生导向,因此制定判断依据和标准,需要考量是否有利于更好地满足人民日益增长的需要,如社会稳定对人的安全的影响,生态环境对人的健康的影响等。高质量发展既要提供高质量服务,也要为自我发展提供良好的环境和基本条件。

3.1.3 经济高质量发展

经济发展主要是改善社会生活质量以及提高投入产出效益,而经济高质量发展则是在经济发展的基础上,持续改进经济、社会结构的过程,更关注"好不好"的相关问题。如何合理完善经济结构和动力,如何健全经济体制和分配制度,从而促进区域经济协调发展,这些都是经济高质量发展需要考量的问题。其具体表现为产业结构的合理化,第三产业比重高于第一、第二产业,产业结构从单一结构转向多元产业结构;满足人民日益增长的生活品质需求,推动人和社会全面发展、进步。

经济高质量发展概念主要起源于宏观层面,与微观、中观层面亦有密切联系。因而,需要构建微观企业、中观产业和宏观经济完整体系进行理解。从微观层面理解,高质量发展涵盖竞争力、影响力和管理水平等。在消费者收入水平与生产制造体系不完全匹配的情况下,资源浪费、效率低下等现象将会出现。因而,从微观层面上看,企业高质量发展的前提是顺应消费升级要求,从而在交易市场中形成竞争优势。从中观层面理解,高质量发展涉及产业结构优化、转型升级等内容。比较概念涵盖的内容可以发现,产业高质量发展范围大于企业高质量发展,企业质量高低直接影响产业质量,经济增长率与各产业增长率密切相关。从宏观层面理解,高质量发展拥有稳定、均衡、协调、创新、公平、可持续等多个维度和特征，具体主要包括：经济增速稳定、区域发展均衡、城乡水平协调、科学技术创新、社会环境公平、公共服务均等、生态环境可持续。因此，经济高质量发展反映出经济社会的全面进步发展。

3.1.4 海洋经济高质量发展

海洋经济高质量发展是指海洋经济总量达到一定阶段后，海洋综合实力提升，实现经济、社会、资源动态平衡的状态。海洋经济高质量发展概念内涵，区别于以往以依靠资源过度消耗为代价的传统海洋经济发展，而是一个全新的海洋开发利用的合理状态。海洋经济高质量发展不仅包括海洋科技水平、资源配置效率提高，而且应该实现在海洋生态、文化等多方面的均衡发展，其具有稳定性、可持续性、协调性和系统性等发展特征，从传统海洋要素向创新要素转换，系统内要素与外界环境整体协调，实现海洋经济的提质增效，体现创新、协调、绿色、开放、共享的新发展理念。

创新是关键所在，生产要素价格持续上升、生产资源供给不足等问题，导致以劳动力、资本投入为主的传统海洋经济增长方式不能维持。海洋经济高质量发展要求加快实施创新驱动战略，让创新成为第一动力。协调成为内生特点，随着经济全球化、区域经济一体化进程不断加快，单一产业向多元化产业转变，海洋经济高质量发展内涵得到进一步丰富。同时，建设一大批自贸区、保税区，从而持续提升区域海洋经济融合发展水平，以绿色为基本特征，确保海洋生态环境得到保护。在传统的海洋经济发展模式中，海洋生态环境造成严重破坏，在很大程度上会降低经济、社会效益。海洋经济高质量发展通过实施综合整治工程，促进海洋经济实现低碳、和谐发展。开放提供重要推动力，经过改革开放的伟大实践，我国经济主动顺应全球化潮流，积极倡导多边合作，经济发展开放特征日益突出。海洋经济高质量发展要求适应国内国际双循环新发展格局，提升经济发展的内外联动性。共享成为根本目的，海洋经济高质量发展产生更大的社会福利，进一步实现成果共享。海洋经济高质量发展带来基础设施、海洋文化等公共体系的完善，通过共享提高海洋生产活动、海洋环境治理的经济价值和社会意义。

3.2 理论基础

3.2.1 经济增长理论

经济增长理论是用以解释经济增长规律，探索经济增长影响因素的相关理论。在世界学术研究范围内，研究经济增长理论、现象及其规律的热潮一直没有减退。

从发展历程来看，可以划分为 3 个阶段。古典经济增长理论：以亚当·斯密为代表，主要关注要素投入、收入分配等在经济增长中的影响作用，通过加大不同要素投入、调整收入分配比例，从而提高劳动生产率、影响资本积累。新古典经济增长理论：以索洛为代表，考量技术进步、制度创新对经济增长的动力效应，以边际收益递减规律、规模报酬递增规律等为前提假设，将更多生产要素引入经济增长分析。新经济增长理论：以罗默为代表，注重经济要素的动态化、长期化，将技术进步等传统外生变量内生化，为长期经济增长提供理论依据和合理解释。

从关注领域来看，可以划分为四大内容。以凯恩斯主义为基础的增长模型：研究短期内国民收入与就业量的内在联系，探讨经济稳定增长条件。以动态化发展为前提的成长阶段：罗斯托（2006）把经济发展分为 6 个阶段[7]，提出进入"起飞阶段"需要满足较高积累率、建立经济发展主导部门、进行制度改革 3 种前提条件，按照不同发展阶段提供经济增长动力。以经济计量学为方法的要素分析：Zorg（1967）运用经济计量学的方法，具体分析影响经济增长的各种因素[8]，说明这些因素在经济增长中发挥的重要作用，着重通过数据分析，研究不同因素对经济增长的贡献。以零增长极限为假设的未来预测：丹尼斯·米都斯（2006）提出如果经济无限增长，那么环境污染将会导致"世界末日"的出现[9]，重点讨论经济增长极限相关问题和实践。

3.2.2 海洋经济理论

20 世纪 60 年代，海洋经济理论开始被广泛关注。目前，三大主流海洋经济理论分别代表不同关注领域。

海洋经济增长空间理论：人类经济社会发展逐渐向海洋拓展，海域经济布局开始得到重视，进而使海洋经济增长空间理论得到进一步完善。该理论在探讨陆域空间与海域空间关系的基础上，提出现阶段人类对近海、深海海洋资源的探索和利用仍然不够充分，解决陆域空间发展空间不足的途径之一，是通过积极利用广阔的海域空间。基于产业结构和经济增长的内在联系[10]，人们应该对海洋资源进行合理利用、开发，使其成为经济增长的新支柱产业。

海洋经济可持续发展理论：基于海洋经济增长空间理论得到进一步发展，要求在海洋资源利用过程中，以科学开发为指导，协调经济与生态关系，在加快海洋经济增长的过程中，体现出社会进步、生态环境可持续发展的思想。海洋循环经济作为该理论的现实实践形态，要求实现海洋内部小循环、海洋区域中循环和海洋社会大循环，在市场需求指导的前提下，推动海洋产业生态化，实现海洋经济与海洋环境协调、可持续发展。

海洋产业结构优化理论：海洋产业结构发展规律与一般传统产业"一二三"阶段性发展规律有所不同，其产业结构演化过程更符合"一三二"规律，在遵循"点线面"产业发展历程的基础上，实现对不同海洋产业所占结构比例的调整。海洋产业结构优化理论能够解释和应用于海洋产业结构发展的实际情况。该理论提出在需求结构和技术结构相适应的基础上，使产业内部和产业之间实现协调，在充分研究、把握海洋产业结构发展规律的基础上，促使以资源投入为主的传统海洋产业，转向具有高技术含量的海洋第三产业。

3.2.3 产业竞争力理论

产业竞争力又称为"产业国际竞争力"，包含比较内容和比较范围两个层次。一方面，产业竞争力比较的内容是产业竞争优势，产业竞争优势最终体现在产品的市场竞争力上，生产出市场消费者更愿意接受的产品；另一方面，产业竞争力作为一个区域概念，产业竞争力分析应该突出区域发展的各种因素。

20 世纪 80 年代以来，随着经济全球化的加深，人们开始意识到一个国家或地区的竞争力与其产业竞争力之间存在密不可分的关系，产业竞争力已经成为一个国家或地区经济发展的重要因素之一。麦克尔·波特（2002）认为产业国际竞争力是在自由贸易条件下，一国特定产业以其相对其他国更高的生产力向国际市场提供符合消费者或购买者需要的更多的产品，并持续获得盈利的能力[11]。

随着产业竞争力理论的发展，产业竞争力评价成为产业竞争力理论在实践中的发展和运用。产业的行业发展涉及产业布局创新、技术研发与转化、社会管理体制变革及政策体制创新等诸多环节，仅仅依赖传统的市场培育方式难以实现其真正的发展。对某一产业的产业竞争力进行评价涉及诸多因素，必须从实际情况出发。某一产业通过不断的技术升级，提高产业素质，可以在一些新兴产业取得竞争优势，从而提高自己在新兴产业上的竞争力。

3.2.4　协同治理理论

20世纪90年代，协同治理理论首次被提出，逐渐发展并成为公共管理理论的新阶段[12]。协同治理意味着政府力量与社会力量互动的协同管理网络[13]。协同治理是一个互动、协调的过程，要求既要有正式制度和规则，也要有各种促成协商、和解的非正式制度，它强调主体的多元性、组织的协调性。

从某种意义上说，协同治理理论由协同和治理共同构成，在治理基础上强调协同，通过协同实现治理。协同是协同治理理论的价值观念。德国物理学家哈肯认为世界是最大的协同系统，研究协同系统内外因素之间的相互作用。在社会系统中，协同强调的是社会主客体之间的相互配合和协作。治理作为协同治理理论的行为选择，与传统的管理有着明显的区别。全球治理委员会对"治理"做出了权威的定义："治理是指各种公共的或私人的个人和机构管理其共同事务的方式，是调和不同的利益并促使采取联合行动的持续性过程。"[14]治理的具体体现为权力主体的多元、治理系统的协调、治理目标的多样。通过治理，在不同的制度中，运用权力引导、规范公民的行为，实现公共利益最大化。总的来说，协同治理理论就是在复杂的环境中实现多元主体之间的协调，实现各个子系统、各个组织之间的协同，通过力量的整合，使公共利益最大化。

共同规则是进行协同治理的基础。协同治理是一种整体性、全局性的治理，必须有一个共同的规则。在共同规则之下，治理主体之间才能相互信任，展开合作。在共同规则的制定过程中，政府作为治理主体之一，虽然在协同治理理论中，政府并不是处于绝对的领导地位，但是由于政府的公正性和权威性，政府在共同规则的制定过程中，扮演着重要的角色，引导着其他治理主体参与到共同规则的制定过程中。通过共同规则，规范各个治理主体的行为，强调不同治理主体间的协同，达到整体大于部分的效果。多元治理主体是指治理主体中不仅包括政府，还包括社会组织、企业、公民个人在内的社会力量。多元治理主体来自社会的不同领域，不同的治理主体拥有不同的资源，能够通过不同的方式途径，开展治理活动，在治理过程中可以实现资源、方式、方法的协同。同时，多元治理主体意味着各个治理主体主动、积极地参与到治理过程中，是一种主动性的治理。随着社会的发展，仅仅依靠以政府为主体的治理模式难以满足社会的要求，多元治理主体能在不同领域实现对社会的全方位治理，更适应社会的高速发展。在社会治理复杂性与日俱增的情境下，必须形成社会各方良性互动的社会协同治理格局[15]。多元治理主体所处的社会子系统是不同的。在协同治理理论中，社会的各个子系统之间的关系是一种相互交换的关系，单独的子系统不能展开治理活动，不能独立于其他子系统而存在。各个子系统之间通过资源的交换和采取一定程度的集体行动，参与社会事务，实现协同治理。协同治理理论认为社会系统的复杂性、动态性和多样性，要求各个子系统以相互协同的方式，开展社会活动。政府不是凭借强制力单方面地对各个社会子系统进行管理、约束，而是以引导的方式，建立各个子系统之间的合作、互动关系。通过各个子系统之间的协同，发挥子系统的整体性优势。

协同治理理论结合了自然科学中的协同论和社会科学中的治理理论，超越了传统管理模式的一元治理，而转向多方参与、多方协作的多元治理，是一种新兴的公共管理范式。协同治理理论已被西方学者作为一种重要的分析框架和方法工具，广泛应用于政治学、经济学、管理学的研究和分析，其研究领域与影响力正在不断扩大。基于对政府治理水平和社会发育程度的考量，协同治理是当前中国社会建设的现实选择[16]。通过运用协同治理理论研究广东省海洋经济高质量发展驱动机制及系统演化，构建一个合理、多元化、高效的评价体系，有效促进"21世纪海上丝绸之路"倡议、建设"海洋强国"战略的顺利实施和推进。

3.2.5 海洋综合管理理论

20世纪30年代，海洋综合管理的思想产生了萌芽，美国学者希望通过这个方法对大陆架外部边缘的那部分海洋空间和资源区域进行统筹管理。但由于外交政策的限制，此项建议遭到否决。到20世纪70年代，由于海洋资源的大规模开发，导致了濒海资源衰竭、水质污染等灾害，威胁到海洋的可持续发展，然而此时传统的行业管理无法解决这些问题。20世纪80年代，世界各国重新引入和重视了海洋综合管理。1989年在第44届联合国大会上秘书长关于《实现依〈联合国海洋法公约〉而有的利益：各国在开发和管理海洋资源方面的需要》的报告中，全面介绍了海洋综合管理的重要性和目标，并号召呼吁各国实施海洋的综合管理。1992年，联合国环境与发展会议在《21世纪议程》中提出"海洋可持续发展"的核心理念，并要求沿海国家对管辖海域实行综合管理。从那时起，海洋综合管理成为国家海洋管理的基本制度。

海洋综合管理的概念是一个全新的概念，同时也是一个发展中的新概念。20世纪80年代，《美国海洋管理》一书中认为，海洋综合管理是"把某一特定空间内的资源、海况以及人类活动加以统筹"[17]。《中国海洋21世纪议程》对海洋综合管理的定义是"从国家的海洋权益、资源、环境整体利益出发，通过方针政策、法规、规划的制定和实施，组织协调、综合平衡有关产业部门和沿海地区在开发海洋中的关系，维护海洋权益、合理开发海洋资源、保护海洋环境，促进海洋经济持续、稳定、协调发展"[18]。经过20年的海洋管理研究与实践，海洋综合管理的内涵得到了不断的完善和丰富，各学者对海洋综合管理做了更多的研究。海洋综合管理不仅仅是一种海洋管理的高级形态，更是人类对于海洋与海洋自然属性认识的发展和深入，也是人们进行海洋管理工作的客观理性要求。通过海洋综合管理可以对管理活动流程进行协调和优化，推进海洋资源的可持续利用，维护海洋生态环境。

3.2.6 创新发展理论

创新理论之父熊彼特在《创新发展理论》一书中提出"创新就是将生产的要素和条件以一种新的方式组合起来，将之应用到生产体系中"[19]，将创新依照不同作用领域进行划分。在 20 世纪 80 年代后期，创新发展理论被引进我国，受到了国内学者的广泛关注，一大批学者如傅家骥、许庆瑞、丁栋虹等，产生了许多代表性成果。

熊彼特结合创新的概念和内涵，创造性地提出创新就是发展，创新与发展之间存在某种紧密联系。创新是对生产要素的重新组合，将新组合的生产要素投入生产系统中，而这一过程，也会对生产要素关系、生产内外部条件等产生影响。该理论认为基于生产要素重新组合的经济系统内部创新，将会对整体经济发展产生重要影响。熊彼特基于市场行为分析，认为新产品、新工艺的市场化创新能够促进经济发展，资本、劳动力处于从属地位。在熊彼特看来，创新能够打破经济系统"循环流转"的均衡。目前，创新发展理论拥有众多学说分支，Landes[20]、Rosenberg B.[21]、Mokyr[22]等经济学家，将技术与制度等因素纳入分析框架，进一步补充和丰富了研究视角。

广东省海洋经济高质量发展离不开创新，随着创新驱动发展战略的确立，创新发展上升到国家层面。广东省海洋经济在国家创新政策的指导和扶持下，能够更加准确地把握海洋经济高质量发展的方向与趋势。在充分掌握好创新发展理论的基础上，将创新发展理论与我国、广东省的实际情况相结合，才能确立以创新驱动发展为基本理念的海洋经济高质量发展路径。

3.2.7 可持续发展理论

从总体来看，由于可持续发展理论具有经济、自然、科技、社会等多种属性，通过不同属性能够赋予其不同内涵定义和应用范围。目前，在可持续发展理论中，有 4 种代表性观点。

第一种是布伦特兰观点，即既满足当代人的需求，又不损害子孙后代满足其需求能力的发展[23]，该观点提倡在满足当前人类社会合理发展需要的前提下，对资源进行开发利用，从而实现人类社会长远发展；第二种是生态系统观点，由世界自然保护同盟等国际组织提出，即在生存不超出维持生态系统能力的情况下，改善人类生活品质[24]，这种观点要求在保障环境生态系统自我修复能力的前提下，对资源进行有序开发，形成经济发展与自然环境承载的协调关系；第三种观点是社会进步观点，即把经济增长和社会进步看作整体的、持久的发展过程，体现人类的一种运动或状态[25]，以动态视角，把握人类社会发展的规律，从全局角度，考虑人类与自然的关系；第四种是综合效益观点，即在从自然资源中不断得到服务的情况下，使经济增长净利润最大化和环境污染最小化[26]，这种观点要求以最小的资源使用，获取最大的经济利益，将对环境的破坏、消极影响降到最低。可持续发展理论中的布伦特兰观点最权威且流传较广泛。

可持续发展体现出人们对于社会发展的思考，直接体现为保护自然环境，既是时代发展的产物，也是人类实现长远发展的必然选择。广东省海洋经济高质量发展应当以可持续为基础，以保护生态资源环境为原则，通过社会、经济、生态的相互协调来实现。坚持以可持续发展理论为指导，实现经济与环境的协调发展，以可持续发展的方式促进海洋经济高质量发展，进一步实现我国、广东省海洋经济的绿色发展。

3.2.8 海洋可持续发展理论

海洋生态系统的可持续性是海洋可持续发展的基础，主要体现在海洋生态过程的可持续性和海洋资源的可持续利用等方面。海洋生态系统构造、功能的完整与齐全，称为"海洋生态系统的完整性"。陆地生态系统与海洋生态系统是两个重要组成部分，它们之间相互依存并相互影响。与此同时，海洋资源与海洋生态的可持续发展密不可分。可持续利用海洋资源是海洋生态系统可持续发展的物质基础，然而，人类对海洋资源的过度需求和有限的供给形成了尖锐的矛盾。海洋资源的多样性加剧了不同使用者之间的竞争。首先，要妥善解决资源质量、可用量和潜在影响之间的关系。其次，在利用资源的同时，有必要保护资源多样性、资源遗传多样性与生产力三者的关系。最后，在不影响海洋生态过程完整性的前提下，整合资源方式，减少资源利用中的冲突和矛盾。

社会的可持续性是可持续发展的目的。社会是由个人组成的，首先，人口数量的迅速增加导致消费增长，这可能超过生态系统的生产能力；与此同时，它将污染环境，造成生态环境退化，对地球生态系统构成威胁，进而威胁到人类的生存和发展。因此，控制人口是社会可持续发展的重要措施。其次，是人口的质量，在满足当代人需求的基础上，要考虑后代人的需求。最后是公平性，公平是反映人与人之间相互关系的概念，它包括每个社会成员的人身平等、地位平等、权力平等、机会均等、分配公平。社会公平，即社会学意义上的公平，是社会财富分配与占有的公平、公正原则的体现。这里包括对海洋资源利用的公平，表现为既要体现在当代人之间，还要体现在世代之间。当代人之间的公平性要求海洋开发活动不应带来或造成环境资源破坏的不经济性；世代的公平性，指要求当代人不应从事通过消耗包括自然资源在内的生态系统生产力基础以支持目前的生活水准，而把比当代人更贫困的前景和危机留给后代的实践活动。

3.3 本章小结

本章对海洋经济高质量发展领域涉及的相关概念，如海洋经济、高质量发展等进行了介绍和解释。同时，搭建了经济增长理论、海洋经济理论、产业竞争力理论等众多相关理论组成的理论研究框架，将相关研究理论与海洋经济高质量发展研究相结合，为海洋经济高质量发展提供坚实的理论基础。

参 考 文 献

[1]《海洋大辞典》编辑委员会.海洋大辞典 [M].沈阳：辽宁人民出版社，1998.

[2]王济昌.现代科学技术名词选编 [M].郑州：河南科学技术出版社，2006.

[3]国家海洋局.全国海洋经济发展规划纲要 [N].中国海洋报，2004-02-06.

［4］赵宗金.人海关系与现代海洋意识建构［J］.中国海洋大学学报（社会科学版），2011（1）：25-30.

［5］杨金森.海洋生态经济系统的危机分析［J］.海洋开发与管理，1999，16（4）：73-78.

［6］王永生.我国海洋产业评价指标及其测算分析［J］.海洋开发与管理，2004（4）：18-21.

［7］罗斯托.经济成长的阶段［M］.北京：高等教育出版社，2006.

［8］ZORG. The explanation of productivity change［J］. Review of economic，1967（7）：12-15.

［9］丹尼斯·米都斯.增长的极限［M］.长春：吉林人民出版社，2006.

［10］胡曼菲.金融支持与海洋产业结构优化升级的关联机制分析——基于辽宁省的实证研究［J］.海洋开发与管理，2010，27（9）：87-90.

［11］迈克尔·波特.国家竞争优势［M］.李明轩，邱如美，译.北京：华夏出版社，2002.

［12］徐嫣，宋世明.协同治理理论在中国的具体适用研究［J］.天津社会科学，2016（2）：74-78.

［13］胡钊源.我国社会协同治理理论研究现状与评价［J］.领导科学，2014（8）：18-21.

［14］全球治理委员会.我们的全球伙伴关系［M］.香港：牛津大学出版社，1995：2.

［15］郁建兴，任泽涛.当代中国社会建设中的协同治理——一个分析框架［J］.学术月刊，2012（8）：23-31.

［16］杨华锋.协同治理的行动者及其动力机制［J］.学海，2014（5）：35-39.

［17］鲍基斯.海洋管理与联合国［M］.北京：海洋出版社，1996.

［18］鹿守本.海洋管理通论［M］.北京：海洋出版社，1997.

［19］熊彼特.经济发展理论［M］.北京：商务印书馆，1997.

［20］LANDES. 解除束缚的普罗米修斯［M］.北京：华夏出版社，2007.

[21] ROSENBERG B. 西方致富之路［M］. 北京：三联书店，1989.

[22] MOKYR. 富裕的杠杆［M］. 北京：华夏出版社，2008.

[23] 世界环境与发展委员会. 我们共同的未来［M］. 吉林：吉林人民出版社，1997.

[24] 世界自然保护同盟. 保护地球——可持续生存战略［M］. 北京：中国环境科学出版社，1992.

[25] 蔡守秋. 可持续发展与环境资源法制建设［M］. 北京：中国法制出版社，2003.

[26] 美国世界资源研究所. 世界资源手册［M］. 北京：中国环境科学出版社，1993.

国际海洋经济发展的 4 种模式

4.1 美国：以政府为主导的海洋经济发展模式

美国拥有达 2.2 万千米的海岸线，其海洋经济发展高度发达[1]。美国人口和经济最为集中的 20 个城市群主要分布在沿海，沿海地区 GDP 对国内 GDP 贡献率超过 50%；95% 的对外贸易总额通过海上运输完成。美国通过以政府为主导的海洋经济发展模式，很好地促进了海洋经济发展与国内发展相适应，其具体措施主要包括以下 3 个方面。

4.1.1 出台完善的海洋经济发展政策法规

为了从政府层面促进海洋经济发展，美国十分重视海洋经济发展政策的制定与完善，努力营造良好的制度环境，发挥政策法规对海洋经济的导向和推动作用。从政策制定和实施情况来看，美国海洋经济政策处于世界领先地位。

20 年代中后期，美国海洋事业逐步崛起。1945 年，美国政府意识到海洋的重要性，开始实施《杜鲁门公告》，主张其在毗邻海域的海洋权益；1966 年，通过《海洋资源与工程开发法令》，由总统直接全面审议与美国海洋发展有关的问题和事务；1999 年，启动实施《国家经济计划》，提供最新的海洋经济相关信息；2000 年，通过《海洋法令》，提出制定新的国家海洋政策的原则。2004 年，在《美国海洋行动计划》中，提出解决美国在海岸带利用等海洋经济发展问题的措施[2]。

美国海洋经济发展政策法规对海洋开发、管理等活动作出了详细的规定，具体措施包括：通过设立海洋政策报告卡，把握海洋政策实施情况；

以低息贷款、专项补贴的方式提供海洋渔业补贴；建立海洋政策委员会，就海水污染、过量捕捞等问题提供意见；成立海洋政策信托基金，为海洋政策实施提供资金支持；健全和完善海洋检测系统，加强对海洋政策效果的监控与反馈。美国的海洋经济政策由政府部门制定、落实和监督，政府在海洋经济发展政策中发挥主导作用，追求科学，可持续地开发利用海洋资源。上述行为的本质原因是美国政府意识到自身在国际海洋竞争中的地位受到威胁，希望通过制定具有战略意义的海洋经济政策，以保持美国在海洋竞争方面的优势。

4.1.2 制定长远的海洋经济发展战略规划

美国作为一个海洋强国，较早从国家层面制定了海洋战略规划[3]。其中，美国政府非常重视海洋经济的发展，已制定、形成了一系列的海洋经济发展战略规划，这些海洋经济发展战略规划具有制定时间早、数量多、覆盖面广等特点。美国希望借助"预防的方式"，维持海洋经济利益，实现海洋经济长远发展。

1959 年，《海洋学十年规划（1960—1970）》正式颁布；同年，《海军海洋学十年规划》首次将海洋军事纳入海洋发展规划中；2004 年，提交国家海洋政策报告——《21 世纪海洋蓝图》，以《美国海洋行动计划》进一步落实；2007 年，《国家海上安全战略》《海洋研究优先计划和实施战略》出台，为美国海洋经济发展指明方向；与此同时，成立海洋经济计划国家咨询委员会和国家海洋政策委员会；2016 年，提交《中大西洋区域海洋行动计划》，旨在推动中大西洋区的海洋可持续发展能力。随后，美国政府相继制定《全国海洋科技发展规划》《国家海洋政策执行计划》《21 世纪海洋发展战略规划》等[4]。

海洋经济的发展前景和增长潜力促使美国制定海洋经济发展战略规划，在这些系列规划中，涵盖了美国海洋军事、科技、资源等管理体制建设内容，有效地推进了美国海洋事业活动，指导了美国海洋事业的未来发展，对促进美国海洋资源保护、海洋经济发展具有支撑和引领作用。

4.1.3 形成多元的海洋经济发展金融体系

多元的海洋经济发展金融体系，在美国海洋经济发展中作出了突出贡献。现阶段，美国已经形成由政府、企业、金融机构、民间资本共同参与的海洋经济发展金融体系。同时，美国为海洋经济发展提供了大量的资金，为海洋体系构建提供了充足的财政支持。

2000年，美国颁布《海洋法》在法律上确定海洋经济发展过程中的经费保障；2004年，设立国家海洋政策信托基金；2011年，购买大量财政债券，其中10%的资金将用于海洋制造业发展。与此同时，美国政府积极引导个人参与海洋投资，成立了海洋投资基金，允许私人投资者进入海洋金融市场，为海洋事业未来发展提供持续资金支持。而在政府层面，每年在海洋资源开发和利用方面提供超过500亿美元的财政支持[5]。

美国对于海洋经济发展金融体系的构建较为完善，具体内容包括：建立海洋投资基金，用于改进海洋管理、发行债券和金融产品等，为海洋经济和海洋产业发展提供多方位支持；设立并完善海洋保险制度，为海洋工程建造提供贷款支持保障；对远洋捕捞船队直接提供补贴，鼓励渔船到公海及他国专属区经济区进行作业；支持企业转让高端的产业技术或支持技术入股，缓解企业资金不足的压力。在政府财政资金的大力支持和引导下，美国多元的海洋经济发展金融体系正在不断完善。

4.2　欧盟：以科技创新探索带动海洋经济发展

欧盟28个成员国中有23个国家是沿海国家，共拥有海岸线长达7万公里，其专属经济区面积之和达到2500万平方公里[6]，沿海地区海洋经济贡献率达到40%。欧盟采取一系列措施，不断完善科技基础设施，以科技创新探索带动海洋经济发展，具体方式主要集中在以下3个方面。

4.2.1　加快海洋科技成果转化能力

欧盟在海洋科技成果转化方面，加大了跨国合作力度，与加拿大、美国等国家进行跨国海洋合作，成立大西洋海洋研究联盟。欧盟通过建立和完善现有的信息共享平台，为海洋科技成果转化提供信息，鼓励科技成果向市场转化。

欧盟提出欧洲海洋科学综合研究，重点研究气候变化对海洋活动、海洋环境等的影响；举办"蓝色经济和科技论坛"，吸引涉海部门、科研人员以及非政府组织等参加；通过完善现有的信息系统，获取和整合大量的海洋数据，使海洋生物、海洋环境、海洋洋流等方面的数据为实际工作开展提供支撑；绘制多分辨率的欧洲海洋地图，积极推进数据的整合，确保数据便于访问、可互相操作和自由使用；建立和推广海洋信息共享平台，便于海洋科技研究成果共享和应用；支持和鼓励海洋科技研究成果快速转化，为海洋科技研究成果从实验室走向市场搭建交易桥梁。

欧盟通过制定海洋综合政策，建立海洋综合政策管理框架，建立海洋政策专门委员会，为海洋科学技术研发提供基础[7]。欧盟提出海洋科学研究的综合策略，逐步建立欧洲统一的海洋数据信息网络，进一步要求各成员国建立各自的综合海洋政策，鼓励研究海洋活动对海洋环境、海岸带等产生的影响，鼓励政产学研的合作和交流。

4.2.2 提升海洋从业人员科技水平

欧盟认为提升海洋从业人员科技水平是蓝色海洋经济发展必然要达到的要求。欧盟在海洋从业人员培养方面，通过建设涉海学院和涉海实训基地，鼓励涉海企业与高等院校进行合作，从理论和实践两方面着手培育海洋人才，提升海洋从业人员科技水平[8]。

通过鼓励相关人员申请加入知识联盟和海洋行业技能联盟，遴选有关人员构建伙伴关系，设计和提供劳动力市场所需技能，以此有效满足涉海人才需求；根据市场需求和研发需要，鼓励涉海企业和涉海学院合作，更有针对性地培育海洋从业人员；提供人才政策优惠措施，建立海洋从业人员的管理网络，积极鼓励海洋工作者投身科技研发，吸引国际海洋科研人才聚集，从质量上，明显提高海洋从业人员的科技水平。

欧盟通过海洋运输、海洋渔业等领域从业人员科技水平的提升，全方位地扩大欧盟在海洋开发利用领域的规模和效率。希望通过借助海洋从业人员科技水平的提升，拓展新的交流领域，充分利用海洋从业人员资源，不断增强欧盟海洋科技在国际范围内的竞争力。

4.2.3 制定海洋科技创新计划方案

欧盟继 2012 年欧盟委员会提出"蓝色增长"的战略构想后，提出蓝色经济创新发展行动计划，从联盟层面推动蓝色经济领域科技发展，而欧盟各国根据各自国情制定海洋科技创新计划方案。

欧盟通过持续加大对海洋科技创新的投入，重点推动包括海洋可再生能源、海洋生物技术、海洋旅游、海水养殖及海洋矿产开发等在内的海洋新兴产业发展，力争引领未来世界海洋开发潮流，扩大全球市场并维持欧盟的全球海洋领先地位[9]。与此同时，欧盟各成员国根据各自国情定期制订和公布海洋科技创新计划，包括法国、挪威在内的众多欧盟成员国制订并实施其国内海洋科技计划，为其国内海洋科技发展指明方向的同时，也提供资金等各方面保障，成为 21 世纪该国海洋科技工作的指导性文件。

欧盟各国持续 10 多年实施海洋科技计划，拨付大量经费用于海洋科技创新。欧盟各国依据海洋科技创新计划方案，提高对海洋环境的认识，创造海洋资源勘探、保护和开发的新技术，加强欧盟的海洋科研基础和水平，促进海洋科技人员交流和培训，为海洋科学、海洋战略、海洋技术等领域的应用做了大量有益探索，提高了欧盟整体海洋科技创新能力。

4.3 日本：以陆海联动推动现代海洋经济体系

日本拥有 2 万多千米的海岸线，有 400 万平方千米的海洋专属经济区，其海洋面积是国土面积的 12 倍，99% 的资源来源于海洋，90% 的货物进出口通过海上运输，海洋经济占国民经济的比例超过 50%[10]。由于日本海洋面积宽广且陆地资源稀缺，因而日本以陆海联动的方式，推动海洋经济发展。

4.3.1 聚集临港海洋产业

从 20 世纪 80 年代开始，日本重点发展临港工业经济。日本自然资源相对匮乏，主要依靠比邻太平洋及众多优良港口的优势，大力发展临港工业。日本海洋产业和临海产业的总产值占 GDP 的比重达到一半，长期发展海洋资源开发、海洋工程、海洋交通运输等现代海洋产业。

2007 年，日本通过《海洋基本法》，这是日本海洋产业发展的根本法律；随后 2008 年，批准配套的《海洋基本计划》；2013 年，通过第二个

《海洋基本计划》[11]。

日本将海洋作为拓展疆域与增强国际影响的重要途径，确保对所属海域的管理，加强对专属经济水域和大陆架的开发利用和管理，通过海洋国民教育及科学研究提高全民的海洋意识，促进对海洋环境的保护和恢复，最终将完成从岛国到海洋国家的转变。

日本重视发展海洋渔业、滨海旅游业以及海洋交通运输业等国民经济的重点产业。渔业方面，改进渔业生产技术，实现向海水养殖业转变，形成捕捞、养殖及水产品加工一体化、现代化的海洋渔业体系。滨海旅游业作为国家的一大战略，其发展受到日本政府的大力鼓励。海洋交通运输方面，日本重视海洋经济与腹地经济产业的互动和相互促进，将海洋产业与原有的陆地产业连为一体，以大型港口城市为依托，建立临港海洋产业集聚区。

4.3.2 合理开发近海资源

日本是一个油气资源匮乏、油气基本依赖进口的国家，因而日本海洋能开发利用研究的起步较早，已经形成以海洋油气技术开发为主，加强与其他产油国战略合作的产业模式[12]。日本充分借助其近海资源优势，通过高新技术不断开发丰富的海洋资源，从而保障日本国内各种资源、能源的日常供应。

近海资源开发成为日本海洋战略的重点内容，相关的基础能力建设全面迅速展开。20世纪50年代，日本先后成立海洋科学技术中心和海洋深层水利用研究会，主要从事与海洋相关的科学技术研究，同时还制订了海洋能源发展专项计划。自20世纪60年代起，日本就开始制定明确的海洋开发规划，是世界上较早制定相关规划的国家之一。日本以海洋技术研究与海洋产业开发为先导，尤其重视海洋资源勘探与开发技术的研究。

作为海洋渔业大国，日本将海洋捕捞按照离岸距离划分为沿岸渔业、近海渔业和远洋渔业，在大力发展近海捕捞的同时，十分重视在其近海和内海发展养殖渔业和水产资源增殖工作；在海底石油、天然气、稀有金属的地质调查和试验技术已经相对成熟，基于已有勘探技术，充分利用沿海、近海、海岛的空间资源；在沿海及近海诸海岛之间除建设大批港口、机场外，还形成沿海铁路网、高速公路网和联结沿海较密集的城市带的海上交通网络。

4.3.3 加强沿海生态修复

日本受制于本土资源短缺问题，曾经一度因急于获取海洋资源，快速发展海洋经济，导致日本的海洋生态环境遭到极大破坏。日本走了"先污染、后治理"的弯路，曾多次出现海洋环境危机事件。后来，日本政府对水体污染和生态环境恶化问题进行综合整治，为保障海洋生态环境，治理陆源污染，制定了一系列陆海综合治理方针。

在制定《海洋基本法》的同时，日本也制定了《环境六法》《公害对策基本法》《海洋污染防治法》《沿岸渔场整顿开发法》等系列法律法规[13]，这些都是以海洋环境保护为主要立法宗旨和目的的法律，明确了日本海洋生态损害补偿的责任主体、责任范围和补偿方式，标志着日本的海洋资源开发与环境保护法律体系的逐渐形成，为建立海洋生态补偿机制提供了依据。

日本加强沿海生态修复的具体措施主要包括：有关机构加强合作，推进涵盖陆地、山地和海岸的泥沙综合治理；陆地管理部门采取措施普及污水处理设施，改进农用排水设施并促进河流的水质净化；发展海洋高新技术并实施海洋循环经济战略，健全油污染防除体制、健全油污损害赔偿保障制度，加强海洋环保调研与技术开发以及对海上环境违法行为进行严厉查处；以施行捕捞许可配额制度的方式控制捕捞量；与海洋循环、海洋污染治理等有关的海洋环保项目可以享有税收优惠等。

4.4 澳大利亚：以环境保护促进海洋经济持续发展

澳大利亚拥有 2 万千米的海岸线，管辖海域面积位居全球第三，海洋经济占国民经济的比例超过 10%，全国 85% 的人口集中在沿海地区。澳大利亚不仅海域广阔，而且海洋资源丰富，其海洋经济发展迅速[14]，海洋经济产值明显高于其他产业，因此海洋产业成为澳大利亚的支柱产业。

4.4.1 合理进行海洋资源开发

澳大利亚政府出台综合性的、以保护生态系统为基础的政策框架，注重渔业资源的开发与养护，对经济鱼类捕捞进行限量或限额，保持生物多样性；重视滨海旅游业的发展，推出的海洋旅游项目众多，如海上旅游冒险、游轮、海上垂钓、潜水、冲浪以及海洋度假等。

澳大利亚对海洋资源进行开发的过程，可以分为3个阶段。1901—1994年，海洋资源开发与保护以军事为主要目的，争夺具有战略意义的海区和通道；1994—2012年，海洋资源开发与保护以经济利益为主要目的，兼顾海洋环境保护，重点解决过度捕捞和海洋污染问题；2012年之后，澳大利亚正式启动全球最大的海洋保护区计划，海洋资源开发与保护转为以环境利益为主要目的，兼顾经济和社会效益。

澳大利亚合理开发海洋资源的目的在于推动海洋综合管理、海洋经济发展的同时，保持海洋资源的可持续利用。通过推动建立一批具代表性的海洋保护区域，并提高对保护区的管理能力；加强对热带海洋资源的研究，合理开发近海、深海海洋油气资源；严格控制海洋及入海口的水质环境；充分发挥环境保护组织及社会中介的积极作用，不断提高社会环保观念、水平。在开发利用海洋资源时，应该保持海洋生态系统的健康与稳定。

4.4.2 科学划分海洋生态区域

澳大利亚的海洋环境总体水平较高，是世界上最先划分海洋生态区域的国家之一。澳大利亚认为海洋开发、海洋产业的发展必须建立在良好的海洋环境基础上。因而，澳大利亚重点提出实现海洋生态可持续发展，根据不同类型海域，设立不同的保护区，现阶段共拥有190多处海域保护区。

1987年，澳大利亚实施《大堡礁珊瑚海洋公园海域多用途区划》；1998年，澳大利亚颁布《澳大利亚海洋政策》，提出海洋生物区域规划的重大行动计划。随后，通过对主要管辖海域开展海洋区域规划，按照"大海洋生态系统"分别制定东南、西南、西北、北部和东部的5个海洋生物区域规划。综上所述，澳大利亚的海洋生态区域划分，是按照"国家—区域—州"独立运行的控制体系。

澳大利亚通过依据不同特征划分海洋生态系统区，各海洋生态系统区环绕着澳洲大陆、澳大利亚籍海岛、南极领土。通过不断地完善，现阶段澳大利亚的海洋生态区域覆盖的海洋总面积达到300万平方千米，包含了澳大利亚所有的海洋生态系统和栖息地，成为世界上最大的海洋保护区体系[15]。澳大利亚根据海洋特性科学划分海洋生态区域，有利于明确各海洋生态区之间的特性与差异，从而利于对海洋生态环境进行治理和保护。

4.4.3 有效落实海洋综合管理

澳大利亚对海洋的管理，主要基于联邦政府和州政府的分工与协作，落实海洋综合管理，加强涉海部门之间的合作与协调[16]。澳大利亚通过制定相应的海洋综合管理制度和构建相应的管理系统，加大海洋综合管理力度，进一步加强涉海部门的协调合作，防止海洋资源的分散。

在行政上，明确联邦政府与各州政府的海洋管辖权限；在功能上，整合各涉海部门职能，实现多部门间协作。澳大利亚通过有效落实海洋综合管理，实现不同涉海组织间、管理组织间的协作，通过政府制定战略、协调企业配合、整合部门职能等过程，实现部门、企业之间的良好衔接，避免因多头管理而导致的管理结构混乱、管理权威丧失、管理效率低下等问题，使澳大利亚的海洋管理水平保持世界领先地位。

澳大利亚成立海洋产业战略管理机构，将海洋产业上升到国家战略；成立国家海洋办公室，负责实施海洋规划，协调各涉海部门；成立了国家海洋委员会，制定宏观、综合的海洋管理政策。通过相互衔接的方式，将部门经济利益与环境保护需要结合起来，推进海洋综合管理，实现多用途海洋综合规划与管理。得益于《澳大利亚海洋政策》的有效实施，澳大利亚在海洋综合管理领域处于国际领先地位[17]。

4.5 本章小结

本章以美国、欧盟、日本和澳大利亚这4个海洋经济发展较为发达、成熟的国家和地区为例，梳理总结国际海洋经济发展的4种模式，具体包括：以美国为代表的政府主导海洋经济发展模式、以欧盟为代表的科技创新带动的海洋经济发展模式、以日本为代表的陆海联动推动的海洋经济发展模式和以澳大利亚为代表的环境保护促进的海洋经济发展模式。国际海洋经济发展的4种模式，能够为我国海洋经济的发展提供有价值的借鉴。

参考文献

[1] 董翔宇，王明友．主要沿海国家海洋经济发展对中国的启示 [J]．环渤海经济瞭望，2014（3）：21-25.

[2] 李景光，阎季惠．美国《国家海洋政策实施计划》及其启示 [J]．海洋开发与管理，2013，30（10）：16-20.

[3] 覃雄合．代谢循环视角下环渤海地区海洋经济可持续发展研究 [D]．大连：辽宁师范大学，2016.

[4] 仲平，钱洪宝，向长生．美国海洋科技政策与海洋高技术产业发展现状 [J]．全球科技经济瞭望，2017，32（3）：14-20，76.

[5] 谢丽威．发达国家推进海洋经济发展的经验借鉴 [J]．环渤海经济瞭望，2014（2）：52-55.

[6] 宋德星，孔刚．欧盟的印度洋安全战略与实践——以"阿塔兰特"行动为例 [J]．南亚研究，2013（3）：1-15.

[7] 王树文，秦龙．我国海洋战略与政策制定中存在的问题与对策分析 [J]．广东海洋大学学报，2012，32（5）：20-24.

[8] 王殿华，赵园园．推进天津滨海新区海洋经济创新示范区发展建设战略研究 [J]．理论与现代化，2019（5）：15-28.

[9] 刘康．我国海洋战略性新兴产业问题与发展路径设计 [J]．海洋开发与管理，2015，32（5）：73-79.

[10] 侯昂好．"海洋强国"与"海洋立国"：21世纪中日海权思想比较 [J]．亚太安全与海洋研究，2017（3）：42-52，125-126.

[11] 戚文闯．日本新海洋战略的特点 [J]．江南社会学院学报，2016，18（1）：56-60.

[12] 史丹，刘佳骏．我国海洋能源开发现状与政策建议 [J]．中国能源，2013，35（9）：6-11.

[13] 黄秀蓉．美、日海洋生态补偿的典型实证及经验分析 [J]．宏

观经济研究，2016（8）：149-159.

[14] 林香红. 澳大利亚海洋产业现状和特点及统计中存在的问题[J]. 海洋经济，2011，1（3）：57-62.

[15] 蒋小翼. 澳大利亚联邦成立后海洋资源开发与保护的历史考察[J]. 武汉大学学报（人文科学版），2013，66（6）：53-57.

[16] 罗成书，戎良，柯敏. 澳大利亚、新西兰海洋资源开发与保护之启示[J]. 浙江经济，2016（22）：39-41.

[17] 张晓. 国际海洋生态环境保护新视角：海洋保护区空间规划的功效[J]. 国外社会科学，2016（5）：89-98.

5 世界海洋经济发展的启示

5.1 海洋经济政策的共性

海洋经济具有开放性、可持续性的特征，开放特征要求海洋经济的发展需要基于国际化的市场，需要完善成熟的海洋法律、政策体系；可持续性特征要求海洋经济发展要实现海洋资源、空间开发和利用的可循环，需要保护、规范海洋的政策条例。完善的海洋经济政策环境有利于优化海洋开发、海洋投资和海洋交易等海洋活动环境，激发各国家、地区海洋经济发展的比较优势，促使海洋经济呈现良好的发展态势。参考美国、欧盟、澳大利亚和日本等海洋经济发达国家和地区，可以总结国际海洋经济政策的共性。

5.1.1 突出海洋经济政策的重要地位

海洋经济政策在国家政策体系中的地位愈加重要，海洋经济相关政策为海洋经济的健康快速发展提供了重要的条件和政策保障，使得海洋经济的地位不断提升，成为国民经济的重点发展对象[1]。

首先，各个国家对于海洋经济事务设立更高阶别、更多职能的管理机构。美国在总统行政办公室，建立内阁级的海洋政策委员会；欧盟设立海洋与渔业委员会，定期向欧洲理事会和欧洲议会汇报海洋政策的执行情况；日本新建综合海洋政策本部，由首相担任部长，副部长为内阁官房长官。其次，各个国家致力于完善海洋经济政策机制。美国国会通过《2000海洋法令》，提出制定新的国家海洋政策的原则，全面系统地审议海洋问题，制定有效的海洋政策；欧盟不断适时地制定海洋发展政策，出台《欧盟海洋综合政策蓝皮书》，延续长期奉行的海陆经济一体化理念；日本以《海洋基本法》《海洋基本计划》为核心，建立涉及产业、环境、交通、国防等领域的系统性政策体系。

要想增强海洋经济发展的国际竞争力，将海洋资源转变为现实的经济优势，就必须制定和实施有效的海洋经济政策，突出海洋经济政策的重要地位，通过海洋经济政策指导海洋经济活动，推动海洋经济全面、协调和可持续发展。

5.1.2 发挥海洋经济政策的战略作用

随着人口不断增长、陆域资源消耗过度等制约人类生存发展的因素逐渐显现，海洋逐渐成为世界沿海国家拓展自身发展空间的战略目标。美国、欧盟和日本等国家和地区，加紧调整或制定新的海洋经济政策，以实现国家战略目标。通过加大海洋开发和管理力度，将以往单一产业、单一领域的海洋经济政策提升为多产业、跨领域的海洋综合战略。

美国在《全球海洋科学计划》中，把海洋科学技术研究提到战略目标高度，制定全球性海洋战略、亚太平衡战略；欧盟在《欧盟海洋综合政策蓝皮书》中，提出通过高水平科学研究和技术革新及加强海洋研究与技术开发投入，支撑和促进海洋经济发展；澳大利亚加强各涉海部门间的合作，明确海洋经济发展的政策，向着海洋强国的目标发展；日本注重海洋科技的创新，为日本海洋经济的发展注入了强大动力，也巩固了日本世界海洋强国的地位，鼓励海洋科技创新、保护海洋科技创新是制定海洋科技政策应当考虑的首要因素和内容。

各国海洋经济政策将海洋作为战略杠杆，以此提升国际地位，通过重新认识、发现和利用海洋，重塑海洋国家身份，提高各国在地区和全球事务中的战略存在。随着各国陆续调整海洋经济发展战略，优先发展海洋经济产业，在世界范围内掀起一股"蓝色"经济发展浪潮[2]。

5.1.3 增强海洋经济政策的综合功能

首先，顺应国际海洋发展趋势，各国认识、管理海洋的能力不断提高，海洋经济在沿海国家的经济中占有越来越重要的位置，海洋经济政策的综合功能显著增强，初步形成解决、协调海洋经济发展矛盾和冲突的相关政策。2013 年，美国海洋委员会连续发布《国家海洋政策执行计划》和《海洋规划手册》，旨在繁荣海洋经济，保护海洋健康，支持沿海地区发展；欧盟建立起海洋综合政策的新的管理框架，将综合管理充分应用到海洋事务中，建立起海洋政策专门委员会，负责各部门间的政策协调；日本从 2007 年制定《海洋基本法》开始，不断修改或出台海洋法律和政策，建立起涵盖政治、经济、军事、外交、生态等各方面的海洋法律体系。

其次，海洋经济政策致力于唤醒和加强国民海洋意识。美国推动终身海洋教育，将海洋教育融入基础教育；欧盟鼓励国民参加各种海洋活动，提高人们的海洋传统意识；日本通过海洋国民教育和科学研究提高全民的海洋意识，致力于完成从岛国到海洋国家的转变。

海洋经济政策综合功能的提高，能够增强海洋意识、加强资源环境保护力度，促进海洋子系统有序、健康发展，建立良好的海洋开发秩序，合理配置海域资源，最大限度地发挥海洋资源的整体效益，努力实现资源利用科学化、海洋环境生态化，增强海洋产业的全面、协调、可持续发展能力。

5.1.4 完善海洋经济政策的监测反馈

以绿色、开放、协调、创新为原则的海洋开发是顺应时代发展潮流的必然选择，世界各国普遍加强对海洋经济政策的监测反馈，建立起统一的海洋经济监测网络，以此提高海洋经济运行的监测能力和综合评估能力，增强对海洋经济宏观调控和政策制定的服务能力[3]。

2004 年，美国海洋政策委员会发布《美国海洋政策初步报告（草案）》，基于美国社会各界海洋利益相关者的修改意见，正式向总统和国会提交《21 世纪海洋蓝图》；欧盟制定的《欧盟海洋政策绿皮书》规定，建立欧洲统一的海洋政策并被各成员国有效实施，建立统一的欧洲海洋检测网络、各国海洋开发的目标图；日本成立"海洋基本法研究会"，综合考虑防卫、外交、历史、水产、资源、交通、海上执法、环境等多个方面。

加强海洋经济政策的监测与反馈。各国政府注重合理分配各类政策资源，提高海洋经济政策所能带来的间接经济效益，整合海洋经济政策监测与反馈系统，实现海洋经济政策的近期、远期效益。

5.2　海洋经济发展的基本特征

海洋经济发展速度迅猛，在国民经济发展中表现突出，因而受到很多国家的高度关注。随着各主要海洋国家越来越重视海洋经济的发展，世界海洋经济发展呈现出一定的特征。综上所述，世界海洋经济发展的基本特征如下。

5.2.1　以海洋政策为抓手助推经济发展

现代海洋经济已成为一个国家资金、技术、智力等各方面综合实力的竞争[4]。在经济全球化的历史进程中，海洋政策成为经济发展的重要抓手之一，海洋政策是国家海洋战略中的重要组成部分。

美国政府注重制定高层次的海洋综合管理政策，协调促进海岸带及五大湖地区的海洋经济发展，通过《海洋规划手册》《国家海洋政策》《国家海洋政策执行计划》等海洋综合管理政策指导和规范区域海洋规划工作。欧盟政府颁布《有关确立共同体海洋环境政策框架的 2008/56/EC 指令》（以下简称《海洋政策框架指令》），《海洋政策框架指令》使欧盟走上了海洋环境保护的最前端，以往零散的、非专门性的保护方式已不再适用，海洋环境综合性的保护成为发展趋势。

海洋政策以国家的海洋整体利益为目标，通过规划、区划、立法、执法等行为，对国家管辖海域的空间、资源、环境和权益，实施统筹协调管理，提高海洋开发利用的系统功效，进一步协调海洋经济发展、保护海洋环境，确保各个国家和地区的海洋权益。

5.2.2　海洋产业发展新格局已初步形成

随着科技日新月异的发展，全球海洋产业发展形成了具有时代特色的新格局，海洋产业发展新格局能够使海洋经济的上下游产业相互配合，产生良好的集聚效应，延长产业链、提升产业链附加值。

一方面，海洋产业链的延伸和新技术领域的开拓，使得海洋产业体系初步形成包括海洋渔业、航运业、海洋船舶业、海洋油气业、海洋盐业，以及海水淡化、海洋生物医药、深海矿产勘探和开发、海洋工程装备制造、海上工程建筑业、滨海旅游等新型产业业态在内的现代海洋产业体系。另一方面，各国家和地区充分利用自身优势发展特色，形成众多海洋产业集群基地，包括海洋造船、海洋工程装备、水产品加工、海上风电等。通过优化提升海洋产业结构，促进海洋产业集群发展，推动海洋传统产业的优化升级和海洋新兴产业的培育发展，建设现代化海洋产业集群基地。

各海洋大国纷纷加速海洋产业转型升级，以滨海旅游、海洋电力、海水利用、海洋油气业、海洋生物医药业等为代表的现代海洋产业显示出巨大的增长潜力[5]。预计到21世纪中叶，国际海洋产业新发展新格局将会较为成熟。

5.2.3 海洋经济增速超过世界经济水平

受到经济危机的影响，自2008年开始，全球经济进入了缓慢增长期，2009—2012年，世界经济维持缓慢增长，甚至呈现负增长。根据《世界经济形势与展望》报告发布会的预测，总体而言，世界经济呈现出缓慢增长复苏的迹象。海洋经济成为世界经济增长的驱动力。

目前，海洋经济增长速度已经超过世界经济的平均速度，成为推动世界经济新的重要力量。世界各国在海洋地貌、水文、深度等方面对海洋研究加大投入力度，把海洋开发上升到国家发展战略的高度，进一步加速了沿海国家海洋经济的发展。2007—2014年，美国海洋经济增长15.6%，是美国经济增长幅度（5.8%）的近3倍；2006—2019年，中国海洋经济年均增速超过9%，海洋生产总值占国民经济的平均比重接近10%。从中美两国的海洋经济发展情况来看，海洋经济的增速明显要高于世界经济增长的平均水平，这说明海洋经济对世界经济和国民经济的拉动作用不断增强，海洋经济发展拥有更大的空间。

海洋经济已经成为世界经济高速增长的重要组成部分，世界沿海国家和地区逐渐以海洋经济发展水平的高低衡量其在国际社会中的地位。海洋经济在高速增长的同时，也存在着一系列问题，如海洋产业结构布局不合理、海洋资源开发不充分、陆海经济发展不协调、海洋环境和海洋生态过度破坏等，迫切需要为海洋经济发展注入新的动力。

5.2.4　海洋环境健康发展引起全球重视

地球的海洋面积大约有 1.4 亿平方千米，约占地球表面的 72%。海洋吸收大气中 40% 的二氧化碳，世界上 75% 的大城市、70% 的工业资本和人口集中在距海岸 100 千米的海岸带地区[6]。然而，一些沿海地区过度追求经济利益，掠夺性地开发海洋资源，导致海洋环境遭到污染。

2012 年，海洋健康指数这一概念得到广泛应用，该指数用于综合评估海洋为人类提供福祉的能力及其可持续性。海洋研究人员通过整合和收集研究数据，确定了海洋环境健康的影响因素，具体包括：食物供给、非商业性捕捞、天然产品、碳汇、海洋生产活动、旅游与度假、海水清洁、生物多样性、地区归属感、安全海岸线等，建立一套多角度、全面评估和监测海洋健康的体系。基于海洋健康指数，揭示海洋健康的变化情况，改善海洋健康的薄弱环节。

在当前海洋环境健康发展较为严峻的形势下，必须要采取一些保护海洋环境的手段。海洋环境健康保持良好水平，有利于促使海洋经济持续快速、健康发展，为海洋经济发展提供基本保障。

5.2.5　国际组织引领海洋经济持续发展

海洋在人类发展中扮演着越来越重要的角色，然而由于环境污染、资源耗竭、气候变化等对海洋造成威胁。国际组织包括联合国、世界银行等纷纷建立区域或全球性的海洋系统，通过发布报告、倡议建议、启动蓝色经济项目、政策资金支持等多种方式促进海洋经济的可持续发展。

2011 年，联合国教科文组织、政府间海洋学委员会等机构联合发布了《海洋及海岸带可持续发展蓝图》报告；2012 年，联合国环境规划署、开发计划署、粮农组织、经济和社会事务部等联合发布《蓝色世界里的绿色经济》报告，提出发挥海洋经济和环境潜能的建议；同期，世界银行发起"拯救海洋全球联合行动"，致力于恢复已枯竭的渔业资源；2013 年，世界银行成立全球海洋合作机制"蓝丝带小组"，确定各项海洋合作投资的优先顺序。

国际组织引领海洋经济持续发展，已经成为全球经济一体化发展的主流趋势。国际组织推动面向全球海洋的海洋合作活动，在交通运输、物资供给、气候调节等方面扮演了越来越重要的角色。国际组织作为海洋经济持续发展的参与者，不仅能够推动世界海洋经济的可持续发展，而且有助于建立公正、平等的国际海洋新秩序。

5.3　海洋经济未来发展趋势

海洋的特殊地理特点和丰富的资源，已经成为国际政治、经济和军事斗争的重要舞台。随着各主要海洋国家越来越重视海洋经济的发展，加大对海洋经济发展的支持，未来海洋经济对世界经济的拉动作用将更加突出[7]。综合来看，世界海洋经济未来发展趋势如下。

5.3.1　海洋传统产业仍是海洋经济的支柱

世界海洋产业结构正在向"三二一"模式转变，但整体仍呈现出海洋第二、第三产业并重的格局[8]。海洋传统产业是海洋经济发展的重要支柱和主导力量，在海洋经济发展过程中仍占据重要地位。

英国古典经济学家大卫·李嘉图认为，各国生产具有比较优势的产品在进行国际贸易时能获得比较利益，确立本国的相对优势[9]。综合分析世界主要海洋产业发展情况，海洋渔业、海洋交通运输、海洋船舶修造业、海洋旅游业、海洋油气业等海洋传统产业仍占据海洋经济较大比重。与此同时，随着石油资源的日益短缺，加拿大、英国、澳大利亚等国家纷纷加大海洋石油的开发力度，海洋传统能源产业产值也在不断上升。

海洋传统产业是海洋经济的先导和支柱产业之一，其转型发展事关海洋经济的高质量发展。由于资源依赖型特点，海洋传统产业产值的增长会造成资源枯竭和承载力下降，海洋传统产业升级有利于海洋经济发展。在今后相当长的一段时期里，海洋传统产业仍将是世界大多数沿海国家和地区参与国际分工的重要手段，仍将在世界海洋经济体系中占据主导地位。

5.3.2　海洋新兴产业成为各国发展的重点

面对维护国家海洋权益、海洋资源开发与环境保护的迫切需求和严峻形势，大力发展海洋新兴产业，通过引入高端产业要素来提升、优化海洋产业结构，是各国加快海洋经济发展方式根本转变的战略选择。

现阶段，世界各国在海洋发展过程中更注重资源节约和综合利用，充分考虑生态系统、社会系统和经济系统的协调发展[10]。世界海洋经济发达国家通过出台产业规划、加大对海洋科研的投入等措施，积极推动海洋生物医药、海洋可再生能源、海洋工程装备制造等海洋新兴产业的发展，同时带动海洋第一、第二产业与第三产业的融合发展。

目前，世界海洋新兴产业正处于纵深化发展的阶段，体现出海洋新兴产业发展变化的趋势，发展海洋新兴产业已经成为世界各国增强海洋经济实力的重要措施之一。世界各国在进一步抓好海洋传统产业的同时，大力推进海洋新兴产业的发展，以海洋新兴产业带动海洋传统产业，提前做好海洋新兴产业布局，旨在形成海洋产业组合优势。

5.3.3 更加重视海洋经济可持续发展战略

当今世界海洋经济的立足点均在于可持续发展，因海洋资源开发利用而造成的海洋生态环境问题，制约着海洋经济的可持续发展[11]，影响在经济全球化背景下的海洋国际合作与开发。

1992 年，联合国环境与发展大会通过《21 世纪议程》，标志着海洋经济可持续发展理论的正式形成；2012 年，联合国环境规划署、开发计划署、粮农组织等组织联合发布《蓝色世界里的绿色经济》报告，围绕渔业和水产养殖、海洋交通运输业、海洋可再生能源、滨海旅游业、深海矿业等提出一系列发挥海洋经济和环境潜能的建议。随后，在各国制定的海洋经济发展规划中，都开始重视海洋产业发展和生态环境平衡、资源持续利用的重要性，致力于开发可再生能源、实现产业的低碳发展等。

目前，处于全球经济"一体化"的背景下，海洋经济必然是开放的。对于海洋经济可持续发展，需要社会方方面面的关注和努力，要统筹各方的资源和力量，注重对海洋经济可持续发展战略的带动效应，获得整个国家、地区经济的繁荣发展和快速增长。

5.3.4 推出国家整体海洋发展计划和战略

在地缘战略格局调整的时代背景下，海洋不仅在国家经济发展格局和对外开放中的作用更加重要，在维护国家主权、安全、发展利益中的地位也更加突出，海洋已经被各个国家赋予经济发展的全局性战略地位，各主要海洋国家纷纷推出国家海洋发展计划和战略。

近年来，美国推出一系列重要的海洋计划和规划，对美国乃至全球的海洋发展方向起到了重要的导向作用[12]，《关于海洋、海岸带与五大湖管理的总统行政令》《国家海洋政策》《国家海洋政策执行计划》等，巩固了美国在全球海洋发展中的优势地位；日本出台《海洋基本法》和《海洋基本计划草案》；欧盟制定《欧盟综合海洋政策蓝皮书》；加拿大制定《加拿大海洋战略》。各沿海国家纷纷制定本国的海洋管理政策和法规，为该国的海洋发展提供宏观导向，以在全球海洋竞备中占得先机[13]。

自 21 世纪以来，世界各国海洋发展的政治意志和竞争意识大大增强，纷纷组织研究和推出国家海洋安全与发展战略、规划、计划、政策，组建最高级别海洋议事协调机构，各主要海洋国家开始新一轮的海洋政策和战略调整。由此可见，海洋利益的得失，直接决定或影响着国家政治、经济、安全、文明进步的走向，决定或影响着国家的前途和命运。

5.4 对中国海洋经济发展的启示

自"十二五"以来，我国海洋经济增速明显趋缓，正处于向质量效益型转变的关键阶段。本书通过分析海洋经济政策的共性、海洋经济发展的基本特征、未来发展趋势等，得出一些新理念、新方法为新形势下中国海洋经济发展提供有益借鉴和实践启发。

5.4.1 积极制定海洋经济的相关政策文件

海洋经济的相关政策文件既包括保证海洋经济持续健康发展的法律法规，也包括为海洋经济提供具体措施的发展规划。综合世界各主要海洋大国关于海洋经济的发展经验可知，海洋政策能够为海洋经济的平稳运行提供基本保障。在充分考察海洋经济发展需求的基础上，政府应该尽快制定关于海洋经济发展的中长期系列行动方案。

回顾我国海洋经济的发展历程可以发现，虽然我国拥有的海洋经济相关法规政策较多，包括《中华人民共和国领海及毗连区法》《中华人民共和国专属经济区和大陆架法》《中华人民共和国海域使用管理法》《中华人民共和国海洋环境保护法》和《全国海洋功能区划》等，但是这些法规政策对于海洋经济相关权利的行使缺少明确的、具有可操作性的规定。考虑到我国海洋经济活动的多样性、复杂性特点，急需加大有关海洋经济发展的政策制定、实施力度。

在制定海洋经济相关政策的过程中，应借鉴各海洋大国在海洋经济发展方面的成功经验。在宏观政策上，要根据海洋经济发展的不同阶段制定相应的政策、决策，不断完善政策的指导功能；在具体政策上，由于我国各沿海省份的海洋资源条件禀赋、海洋经济水平不同，因而要注重海洋经济相关政策的因地制宜，提高海洋经济政策的科学性。从地方海洋经济政策层面来说，地方海洋经济政策的制定应该由地方政府召集有关领域的专家成立海洋政策专家委员会，对地方海洋经济政策做出全面的评估，给出改进的方案，广泛征集各方意见，在协调各方利益的基础上得出最终的实施方案，形成海洋经济发展的政策、法律、法规；海洋经济政策的执行，应该由专门的、高级别的职能行动机构负责，从而进一步促进海洋经济政策的实施。

5.4.2　大力推动海洋科学研发与技术进步

海洋科学研发与技术进步很大程度上决定了一个国家在海洋经济领域的竞争力，海洋科学的发展对海洋技术提出了更高的要求，而海洋技术的发展又推动了海洋科学的发展。随着海洋科学技术的发展，人类对海洋的探索和研究不断向深海和远海扩展，与传统海洋经济相比，现代海洋经济对高新技术具有很强的依赖性。

世界主要沿海国家不断加大海洋科学技术的研发投入力度，强调技术研发的综合集成和国际合作研究，为海洋科学研究、海洋资源开发等提供重要支撑。美国、日本等国家之所以拥有发达的海洋产业，主要的原因就是这些国家一直保持着海洋科技的世界领先水平。经过长期的理论、实验以及应用的积累，目前，美国在海洋科学研发与技术进步领域已经建立起领先优势，设立了多个海洋科学研究实验室、海洋研究所等海洋科学研究机构。日本、澳大利亚等也建立了相关的大学实验室和研究机构来进行海洋科学研发与技术进步的科研工作，具有很强的海洋科技实力。

与国外相比，我国海洋科学技术发展存在一定的差距，整体处于初期阶段。结合我国的实际科研与人才情况，应尽快制定出符合我国发展实际的科研规划。通过积极参与国际重大海洋科学研究计划，与各国人才展开交流沟通并学习先进理念，使用立体化、信息化、自动化的研究手段，致力于多学科交叉、渗透，有助于提高海洋经济发展效率。紧密结合海洋战略性新兴产业培育的需要，加大对基础性海洋科学研究和重大海洋专项的投入，设立海洋生物、海洋能源、海水利用等海洋战略性新兴产业专项基金，加快提升我国海洋基础科学和前沿技术的研发与应用综合能力。

5.4.3 努力实现海洋生态环境的协调发展

海洋生态环境的协调发展直接促进海洋经济发展，海洋资源可持续利用、维护海洋生态平衡是促进我国海洋经济发展的有效途径。当前，我国海洋经济高速发展，然而粗放增长方式尚未从根本转变，海洋经济发展与海洋生态环境不协调仍然制约着我国海洋经济的可持续发展，努力实现海洋生态环境的协调发展是海洋经济高质量发展的基础条件。

不合理的海洋资源配置和利用，会导致海洋资源的过度集中和浪费，进而引发海洋经济发展与海洋环境保护的不平衡状态，两者的不平衡状态并不利于其相互协调发展。为了实现海洋生态环境的协调发展，需要对海洋产业结构进行调整。在主要海洋大国中，海洋新兴产业占比较大，而在我国，我国海洋经济第二、第三产业占比较小。海洋传统产业消耗更多的海洋资源，对海洋生态环境的破坏较严重。因此，为实现海洋生态环境的协调发展，需要优化我国海洋产业结构，推进海洋工程、海洋油气、海洋电子等海洋新兴产业发展。

在优化、调整海洋产业结构的同时，还需要加强海洋污染源治理的基础设施建设，对在总体污染排放中所占比例较大、资源消耗多的海洋产业进行重点治理。进一步建立发展海洋生态环境治理的激励和约束机制，将海洋生态环境的治理情况纳入考核评价，落实海洋资源有偿、生态补偿机制，调动全社会参与海洋生态环境治理的积极性，真正实现海洋产业与海洋生态环境的协调发展。与此同时，科学合理地开发利用海洋资源，从浅海走向深海，从单项开发转变为立体开发，从传统海洋产业转向新兴海洋产业，拓宽海洋资源开发利用领域。坚持生态优先、集约高效、全面规划、陆海统筹，完善海洋资源开发利用制度。通过提高海洋资源开发能力和利用水平，加快构筑质效兼顾的"蓝色粮仓"。

5.4.4 提供具有地方特色的海洋金融服务

金融作为资源配置手段之一，能够直接引导资本流动方向和流动规模。2017 年，欧盟推动的蓝色金融理念，将金融与海洋相结合，强调海洋金融在推动海洋经济转型过程中发挥的重要作用。

近年来，我国通过金融机构、产品创新，建立海洋科技创新金融专营机构、提供海洋科技金融特色产品，引导金融资源推动海洋科技研发，为科技创新提供充足的金融支持；围绕海洋产业转型和升级，为海洋高科技新型产业提供全方位的投融资服务，形成相应的投融资服务体系，提高海洋资源配置效率。

在海洋金融发展的基础上，我国海洋金融领域应该进一步结合地方海洋金融现状，加快完善海洋产业金融支持体系。根据地方海洋产业特点和海洋金融发展情况，在金融组织方面，通过建设涉海基金机构和银行、设立专门海洋金融投资部门等方法，完善海洋金融支持的组织条件；在金融保障方面，形成信用担保体系，化解海洋产业结构升级风险；在金融服务方面，提供地方特色海洋产业金融服务产品，给予相应资金、技术支持。

5.4.5 进一步提高海洋经济全要素生产率

随着我国经济发展进入新常态，海洋经济增速放缓、海洋经济发展不平衡等问题逐渐凸显，我国海洋经济进入向创新引领型、质量效益型转变的关键时期。在新时期，加强海洋科技创新、提高海洋全要素生产率，有利于促进我国海洋经济高质量发展，推动海洋强国建设。

我国海洋科技创新水平比较低，海洋全要素生产率还有待提高，需要通过制度创新和要素流动，发挥自我增强机制的提升作用。一方面，政府需要出台相应的创新政策，为海洋科技研发和转化提供政策支持，同时通过科技人才引进政策，为海洋科技人才提供优惠措施，打造海洋科技人才高地，形成海洋科技创新人才联盟，为不断完善自我增强机制提供政策创新环境；另一方面，政府通过搭建地方性海洋交流平台，加强要素流动，为涉海企业和海洋类高校的合作提供平台支撑，充分发挥产学研结合优势，使海洋要素流动更加便利，为自我增强机制发挥作用提供要素流动条件。

我国应进一步提高海洋全要素生产率，以全要素生产率提高经济质量，实现海洋经济高质量发展。推动科技成果研发转化为制度创新，激发创新驱动经济发展巨大潜力，制度创新是创新驱动经济发展的关键。围绕科技成果研发，我国应建立完备的制度体系，强化知识产权保护，加强研发转化各个环节的紧密联系，将研发成果实际运用到各类海洋生产活动中，发挥科技成果的实际经济、社会效益。以全要素生产率提高经济质量，需要提高全要素生产率对经济增长的贡献程度，全要素生产率贡献程度越高，则意味着发展质量越好。长期以来，我国经济发展对劳动力、资本等生产要素投入的依赖程度较大，全要素生产率对经济发展贡献程度较低，因此虽然我国经济发展速度较快，但是经济发展质量水平还需要提高。在新时期，提高我国全要素生产率贡献程度意味着经济增长必须转移到依靠提高全要素生产率基础上，通过减少劳动力、资本生产要素投入等方式，以技术进步作为推动经济发展的主要方式和手段，提高全要素生产率对经济增长的贡献程度，促进经济发展质量提高。

5.5 本章小结

从世界海洋经济发展的共性、基本特征和未来趋势等方面，总结出其对中国海洋经济发展的有益启示，这些启示涉及海洋政策、海洋科学、海洋环境、海洋金融和海洋全要素生产率等方面，为我国海洋经济发展指明了未来的方向，以期进一步提高我国海洋经济发展的质量和效益，从而加快推进我国海洋强国战略、科技兴海战略的实施。

参 考 文 献

[1] 李欣. 中国海洋经济发展均衡性及演变研究 [D]. 大连：辽宁师

范大学，2017.

[2] 修禹竹. 金融集聚对海洋经济增长的影响研究 [D]. 厦门：集美大学，2020.

[3] 白天依. 实施海洋强国战略必须加强海洋开发能力建设 [J]. 中州学刊，2019 (4)：85-90.

[4] 何帆. 21 世纪海上丝绸之路建设的金融支持 [J]. 广东社会科学，2015 (5)：27-33.

[5] 王泽宇，郭萌雨，孙才志，等. 基于可变模糊识别模型的现代海洋产业发展水平评价 [J]. 资源科学，2015，37 (3)：534-545.

[6] 林香红，高健，王占坤. 金融危机后世界海洋经济发展现状及特点研究综述 [J]. 科技管理研究，2015，35 (23)：119-125.

[7] 丁燕楠，高小玲. 全球海洋渔业产业格局与投资趋势分析 [J]. 海洋开发与管理，2016，33 (9)：59-64.

[8] 张偲，王淼. 中国海域有偿使用的实证考察：2002—2017 [J]. 中国软科学，2018 (8)：148-164.

[9] 大卫·李嘉图.《政治经济学与赋税原理》[M]. 北京：商务印书馆，1983.

[10] 高乐华，高强，史磊. 我国海洋生态经济系统协调发展模式研究 [J]. 生态经济，2014，30 (2)：105-110，130.

[11] 程娜. 基于经济全球化视角的中国海洋文明与可持续发展研究 [J]. 经济纵横，2014 (12)：20-23.

[12] 王金平，张波，鲁景亮，等. 美国海洋科技战略研究重点及其对我国的启示 [J]. 世界科技研究与发展，2016，38 (1)：224-229.

[13] 郑莉，宋维玲，林香红，等.“十三五”海洋经济发展目标体系构建与预测研究 [J]. 海洋经济，2018，8 (1)：16-23.

广东省海洋经济创新发展能力评价分析

6.1 钻石模型的概念原理与应用

国家竞争优势，首先出现在哈佛商学院 Michael E. Porter 的代表作《国家竞争优势》里。这个理论又被称作"钻石理论""国家竞争优势钻石理论"。其主要是说一个国家要建立其他的产业优势，必须善于运用生产要素，市场需求，相关产业及支持产业，企业战略、结构及同业竞争这 4 个基本要素，同时也要注意机会、政府这两个辅助要素的影响作用。这 6 项影响因素存在于国家的产业环境中，形成一个钻石体系，它们互相影响、互相作用，如图 6-1 所示。钻石体系的影响是相辅相成的，一个产业产生的影响优势，会作用到其他因素优势的创造和产生，最后会对一个国家某产业的国家竞争力产生深远的影响。

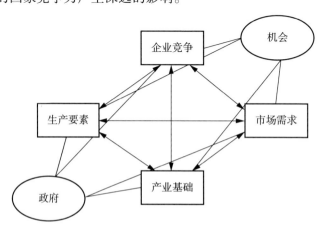

图 6-1　钻石模型

在钻石模型中，生产要素一般是指投入的相关资源，如地理位置、气候、自然、人力资源等；市场需求代表了行业结构和需求规模，是产业最为基础的要素。相关产业及支持产业是影响市场结构的因素，将推动整个产业链的发展。企业战略、结构及同业竞争是受生产要素、市场需求影响的，其结构也依赖于其他要素。政府因素包括了政府颁布的一系列相关政策、举办的各类活动等，起到指导和促进作用。机会因素是指某些突发事件对于产业的影响，若把握住该机遇，对于产业的竞争力会起到提升作用。政府和机会两大因素并不是能够直接作用于产业本身的，而是通过其他的关键要素来影响整个过程。

学界的关注重心逐渐放在了 Michael E. Porter（1990）的钻石模型[1]上，在此基础上，一些学者对钻石模型的各个方面进行了改进。Dunning、Lundan（2008）首先把跨国公司作为外生变量，其次再将外生变量纳入钻石模型，最后提出了国际化钻石模型[2]。Cartwright（1993）提出了多因素钻石模型，其目的是对出口依赖型经济、小国经济的国家竞争优势做出更好的解释，同时也要对以资源为基础的工业国的竞争优势做出更加全面的解读[3]。这些学者的讨论使得钻石模型能够更加现实地反映出国家的产业竞争现状，进一步完善了 Michael E. Porter 对各个国家竞争优势所阐述的理论内容，同样，钻石模型对于中国产业发展问题也有很好的解释力。如杨嵘、陈苗苗（2014）通过对钻石模型的分析运用，概括出陕西省油气产业的竞争力优势[4]。钻石模型具有导向作用，具体体现在海洋经济创新发展方面，海洋经济在发展过程中所涉及的驱动因素、控制因素、约束因素都能够通过钻石模型表现出来。

6.2　基于钻石模型的海洋经济创新发展能力评价维度

6.2.1　生产要素

钻石模型把生产要素一分为二，分别在不同领域内划分了初级生产要素和高级生产要素两大类要素资源。初级生产要素主要包括气候、天然资源、借入资金、地理位置等。高级生产要素主要包括现代信息、交通、通信等基础设施以及科研交流机构和接受过高等教育的人力资源等[5]。

在钻石模型中,初级生产要素的作用小于高级生产要素产生的作用,不可忽视的是,初级生产要素是高级生产要素的基石和基础。生产要素是一个国家经济发展的基本条件,海洋经济的发展同样离不开生产要素的支撑,海洋经济的创新发展需要更多的人力资源、知识资源及资本资源。

因此,生产要素是影响海洋经济创新发展作用的基础条件,也是决定海洋经济创新发展是否成功的第一个关键因素。对于海洋经济创新发展能力而言,生产要素是最基本的评价维度之一。

6.2.2　市场需求

钻石模型把需求条件作为是对产业所提供的产品或满足国内市场结构的需求[6],市场对某产业所生产的产品或提供服务的需求结构、需求规模等也包含在其中。本国的市场需求多样化将会促进该产业产品生产的多样化,而本国市场需求规模的扩大将进一步为该产业产品产量的增加做出贡献,同时也促进更多的企业加入该产业中。

市场需求条件是企业发展的马达,也是经济发展的保障。海洋经济想要更好地发展,其基础前提则是拥有广阔的市场需求,才能促进海洋产业的转型升级,从而带动海洋经济更快、更好的发展。

因此,市场需求是海洋经济发展的直接动力,也是决定海洋经济创新发展是否成功的第二个关键因素。海洋经济创新发展需要市场需求提供持续动力,在评价海洋经济创新发展的过程中,市场需求具有重要影响作用。

6.2.3　产业基础

钻石模型把支持产业定义成是为某种产业提供支持的若干类产业[7];相关产业则是具有互补性特点的产业,主要是通过和下游产业的密切合作,可以为下游产业提供创新和升级的机会,前提是在某一产业的支持产业和相关产业都具有明显优势时。

海洋经济发展的推动力是海洋经济产业的优化升级[8],虽然相关产业及支持产业因素在钻石模型中通常是指上游产业,但是下游产业的作用是促进上游产业的发展。上下游产业之间也存在着相互作用的联系,相关产业和支持产业的协调发展的作用是促进其他产业的发展，同时也可以间接影响整个产业链上各企业的生存和发展。

因此，相关产业和支持产业是海洋经济发展的间接动力，也是决定海洋经济创新发展是否成功的第三个关键因素。海洋经济创新发展评价中涉及的相关产业和支持产业，是海洋经济创新发展的产业基础。

6.2.4 企业竞争

企业竞争是钻石模型中的第四个关键要素，是产业链上各企业成长的基础，同时也关系到企业活动，如企业在生产和发展过程中开展的一系列相关活动。企业行为主要包含战略目标、竞争状态和企业组织结构[9]。一个企业能否善于用自身的条件、管理模式和组织形态是企业成功的前提和关键。

企业竞争关系到企业的生存与发展，是企业成长的基础与动力。企业行为是海洋经济创新发展的前提条件。因此，企业竞争是影响海洋经济创新发展的第四个关键因素，也是海洋经济创新发展的基础与动力。

6.2.5 政府行为

政府行为是钻石模型中的第一个辅助要素，其主要包括政府实施的一系列的刺激政策、引导行为与活动方式等。政府不直接参与产业的活动，但对于产业的发展起到促进或阻碍作用。它能够影响其他的关键要素，同时它也被其他的要素所影响。

在海洋经济创新发展的过程中，政府是产业选择的引导者，若政府给予相应的鼓励和政策上的支持，对于海洋经济的发展将会有引导和促进作用，从长远来看，对于海洋经济的发展具有导向作用。

因此，能够影响海洋经济创新发展的第一个辅助因素是政府行为，其在海洋经济创新发展方面发挥引导作用。政府在海洋经济创新发展中扮演着重要的主导角色。

6.2.6 机遇机会

机遇机会是钻石模型中的第二个辅助要素，机遇机会在模型中承担着一个重要角色，对经济的发展产生一定的影响。产生机遇和机会的可能性多种多样，具体有市场需求剧增、政府的重大决策以及发动战争、基础科技的发明创造等。

同时，机遇机会也会对其他关键因素的变化产生一定的影响。能否抓住这种机遇机会，从长远来看，对于海洋经济创新发展具有促进作用。机遇机会为其他海洋经济创新发展影响因素的变化提供基础的环境条件。

因此，机遇机会在影响海洋经济创新发展方面是作为第二个辅助因素存在的，对海洋经济创新发展具有重要作用。机遇机会在一定程度上，能够为海洋经济创新发展带来积极的改变和影响。

6.3 基于钻石模型的广东省海洋经济创新发展分析

6.3.1 海洋经济创新发展的基础条件——生产要素

生产要素是海洋经济发展首先考虑的关键要素，生产要素分为两大类，分别是初级生产要素和高级生产要素两个部分。初级生产要素是海洋经济创新发展的基础条件，也是高级生产要素发挥作用的基础；高级生产要素是海洋经济创新发展的重要条件，也是初级生产要素的进一步提升。因此，从这两个维度来考虑海洋经济创新发展的影响因素。

（1）初级生产要素

初级生产要素包括天然资源、气候、地理位置等[10]。广东省位于我国最南端的南海沿岸，拥有绵长的海岸线和辽阔的海域面积，同时具有丰富的浅海资源和优良的港口资源。

在自然资源方面，广东省拥有长达4114千米的大陆岸线，海域面积达到41.9万平方千米，具有广泛的陆地涉海区域，有丰富的港口资源。广东省海域有鱼类1064种，有高达500多种的海洋生物，同时广东省有大约400万吨的海洋捕捞和养殖年产量。在海洋气候方面，广东省的气候是东亚季风性气候，是中国光和水资源最丰富的地区之一，其气候由北向南分别是中亚热带、南亚热带和热带气候，在东南部的沿海地区，海洋性气候特征最显著。在地理位置方面，广东省东邻福建，西连广西，西南端隔琼州海峡与海南省相望，具有十分优越的地理位置条件，毗邻香港、澳门，为建设粤港澳大湾区提供了地理位置上的便利[11]。这些丰富的资源为海洋生物医药业、海洋交通运输业、海洋油气产业、海洋矿业、滨海旅游业等海洋战略性新兴产业提供了丰富的基础资源条件。

（2）高级生产要素

在各高级生产要素中，结合统计数据资料分析，人力资源在其中所创造的价值更大。依据统计资料，分析高级生产要素是如何作用于海洋经济创新发展的关键入口是研究机构和人力资源。

在人力资源方面，2006年，广东省从事海洋科研工作的专业技术人员有1761人，海洋专业在校生有4434人；2016年，广东省从事海洋科研工作的专业技术人员的数量上升至3870人，海洋专业在校生达16637人。将2006年与2016年的有关数据进行对比，经过了10年的时间，广东省从事海洋科研工作的专业技术人员增长率达到120%，而海洋专业在校生人数增加3倍多。在研究机构方面，广东省海洋科研机构数量的增长速度一直显著快于其他省市，海洋教育科研的管理服务产业所占比例较大。广东省拥有省部级以上涉海重点实验室27个，其中国家级涉海重点实验室有3个，居全国首位。

6.3.2 海洋经济创新发展的直接动力——市场需求

需求条件是海洋经济创新发展的第二个考虑因素。钻石模型中需求条件的含义是本国市场需求，主要包含两个方面，一是本国的市场需求规模；二是本国的市场需求结构。市场需求是经济发展的动力，能促进经济不断发展，经济发展也能不断地满足市场需求。随着海洋经济的不断发展，国家对海洋经济创新发展的需求也不断增加。

在市场需求结构方面，广东省的海洋装备产业是广东省海洋经济六大产业之一，已经建立了相对齐全的上下游产业体系，拥有一批具有国际影响力的重点骨干企业和高新技术企业，通过技术引进、研发和转型，率先掌握了海洋高端装备制造的国际先进技术，提高了广东省海洋高端装备制造水平。在市场需求规模方面，国内市场对于广东省海洋经济创新的需求巨大，也为广东省海洋经济创新提供了广阔的发展空间。尽管广东省海洋经济总量位居全国第一，但是广东省海洋经济的产业发展方式还比较传统、粗放[12]。广东省海洋经济的增长方式仍以传统产业为主,从广东省国际旅游收入、国际贸易总额、渔业生产总值、海洋天然气、海洋化工产品产量等相关数据可以看出,广东省的海洋旅游业、海洋交通运输、海洋渔业、海洋油气业等产业都有巨大的市场需求。

6.3.3 海洋经济创新发展的间接动力——产业基础

海洋经济创新发展要对相关产业及支持产业进行分析,通过对创新产业的支持,促进创新产业的发展。广东省海洋经济创新发展的相关产业及支持产业主要是以广州、深圳为核心的海洋医药与生物制品产业,以粤东、粤西为主的海洋生物育种和海水健康养殖产业与以珠江西岸为重心的海洋高端装备制造产业[13]。

在海洋医药与生物制品产业领域,广东省围绕广州、深圳两大经济中心建立海洋生物医药集聚区,充分发挥广东省内科研院校、大型医药公司和高科技人才等资源,形成以海洋生物医药研发等为核心的海洋生物医药产业。在海洋生物育种与海水健康养殖产业领域,广东省大力建设海洋生物育种与海水健康养殖的产业集群,包括育种、养殖、加工、运输在内的四大环节,构成系统完整的产业链,有效推动了海洋生物育种与海水健康养殖产业结构的调整与发展。在海洋高端装备制造产业领域,2017年,广东省以珠江西岸为重心的海洋高端装备制造产业产值超过1.3万亿元,培育了5家销售收入超过100亿元的海洋高端装备制造业骨干企业[14]。

6.3.4 海洋经济创新发展的基础动力——企业竞争

企业不断调整战略目标,完善产业结构,进行技术改造,提高产业科技含量。作为海洋经济发展前提的海洋产业的发展,也取决于企业的行为。企业的战略、结构和同行业的竞争是影响海洋产业发展的因素,也是影响海洋经济发展的主要因素。

在海洋生物医药企业的相关竞争中,广东省海洋生物制品企业为加快转方式、调结构,不断延伸整个产业链,瞄准高水平、高产值、高效益的产品,积极参与各科研院所的相关科技成果的转化,以生产具有国际先进水平的产品。在海洋渔业企业的相关竞争中,广东省海洋渔业企业积极发展水产品精深加工业,对产业结构调整,以水产品保险、保活和低值品精加工为重点，结合水产品远洋捕捞、养殖业区域布局，建设以重点渔港为主的集交易、仓储、配送、运输为一体的水产品物流中心。在海洋船舶企业的相关竞争中，广东省海洋船舶业企业采取突出主业、多元经营、军民结合的方式，形成以广州为中心的南海地区船舶工业基地。

6.3.5 海洋经济创新发展的基本保障——政府行为

钻石模型中还有一个特殊的影响因素——政府，它是主要的经济制度供给者，政府对于海洋经济发展的整个过程都起着无可替代的作用。政府对于海洋经济虽然具有重大的影响作用，但是如果在钻石模型中与其他生产要素搭配效果不佳，仅仅依靠政府的扶持，那么海洋经济的发展仍然不会取得更好的成效[15]。

在区域发展规划方面，2011 年，广东省政府制定《广东海洋经济综合试验区发展规划》，广东省被国家列作全国范围的海洋经济发展试点地区，在未来将为广东省新一轮大发展提供强大动力。在重大战略任务方面，广东省推进全国海洋经济发展试点地区建设，广东省原有的传统海洋经济发展模式和方式已经不能适应建设海洋强国的新发展要求，海洋经济发展需要一种有效的转化发展方式，而这种转化发展方式能够实现海洋经济创新发展。

6.3.6 海洋经济创新发展的隐形动力——机遇机会

海洋经济迎来了新的发展机会，在国家政策的大力扶持和技术创新基础上，海洋经济创新发展是海洋经济未来的发展方向，也是实现我国经济发展进入新时期的新动力、新引擎。

在技术创新方面，经过改革开放 40 多年的积累，广东省已经有了一定的技术基础，建立了相对完善的技术开发体系，在海洋高新技术领域的自主创新能力和成果高效转化能力，均处于国内领先地位，已经能与国际先进技术接轨。在政策支持方面，湛江、深圳先后被确定为海洋经济创新发展示范城市，各自制定了《海洋经济创新发展示范城市实施方案》，广东省提出建设海洋经济强省的战略目标，制定了《广东省海洋经济发展"十三五"规划》《广东海洋经济综合试验区发展规划》，优先发展海洋支柱产业，重点发展海洋高科技产业，建设珠三角、粤东、粤西三大海洋经济区，通过给予政策支持为实现海洋经济的发展提供政策保障，努力实现"数字海洋、生态海洋、安全海洋、和谐海洋"格局。

6.4 本章小结

本章基于钻石模型，从生产要素、市场需求、产业基础、企业竞争、政府行为、机遇机会等六大关键要素，对广东省海洋经济创新发展能力进行评价分析。需要注意的是，在广东省海洋经济创新发展过程中，要重视发挥政府的引导作用，要体现出可持续发展思想，为广东省涉海企业、产业提供正确的引导方向，以提高广东省海洋经济的竞争力。

参 考 文 献

［1］PORTER M. Competitive advantage of nations ［J］. Competitive intelligence review, 1990, 1 (1): 14–14.

［2］VERBEKE A. Multinational enterprises and the global economy ［J］. Journal of international business studies, 2008, 39, 1236–1238.

［3］CARTWRIGHT W. R. Multiple linked diamonds and the international competitiveness of export dependence industries: the New Zealand experience ［J］. Management international review, 1993, 33 (2): 55–70.

［4］杨嵘，陈苗苗．基于波特钻石模型的陕西省油气产业竞争力分析 ［J］．西安石油大学学报（社会科学版），2014，23 (6)：1–7.

［5］郑颖．基于钻石模型的福建现代港口业竞争力研究 ［J］．中北大学学报（社会科学版），2018，34 (5)：81–86.

［6］程宝栋，田园，龙叶．产业国际竞争力：一个理论框架模型 ［J］．科技和产业，2010，10 (2)：1–4，34.

［7］吴玉红，李诗悦，李振福，等．我国海洋强国建设的"新钻石模型"分析 ［J］．吉林师范大学学报（人文社会科学版），2018，46 (4)：93–102.

［8］苟露峰，高强．山东省海洋产业结构演进过程与机理探究 ［J］.

山东财经大学学报，2016，28（6）：43-50.

[9] 李若辉，关惠元.设计创新驱动下制造型企业转型升级机理研究 [J].科技进步与对策，2019，36（3）：83-89.

[10] 赵天鹏，刘相兵.基于"钻石模型"的初级农业产业集群分析 [J].安徽农业科学，2011，39（8）：4965-4966，4970.

[11] 温惠英，靳辉，刘丹.基于SWOT的广东省道路客运发展研究 [J].公路与汽运，2017（1）：61-65.

[12] 向晓梅.广东海洋经济竞争力评估 [J].开放导报，2013（1）：14-19.

[13] 李晓，王颖，李红艳，等.我国海洋生物医药产业发展现状与对策分析 [J].渔业研究，2020，42（6）：533-543.

[14] 杨瑞秋，施卫华，罗彬.广东挥师进军高端制造业 [J].广东经济，2014（9）：30-37.

[15] 施卓宏，朱海玲.基于钻石模型的战略性新兴产业评价体系构建 [J].统计与决策，2014（10）：51-53.

广东省海洋经济创新发展的系统模型分析

7.1 海洋经济创新发展的系统模型构建

7.1.1 宏观系统模型

针对海洋经济创新发展的研究，本章借鉴了学界较为前沿的海洋经济系统理论，将海洋经济系统划分为产业、生态、社会、文化 4 个子系统，其分配、交换等经济运行情况如图 7-1 所示。

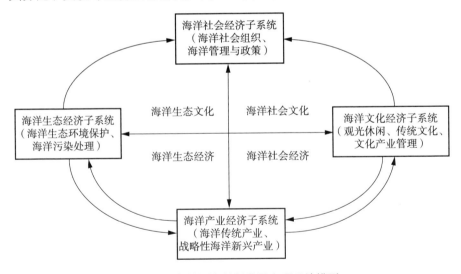

图 7-1　海洋经济创新发展宏观系统模型

从图 7-1 中可以发现，海洋经济创新发展系统模型在宏观层面上各个部分之间相互联系、相互影响，而中观、微观层面海洋经济系统又有着不同要素，各要素间相互作用并对子系统有着调节反馈的作用。

7.1.2 中观系统模型

在对宏观层面的海洋经济系统有了清晰的界定后，则可对中观层面的系统动力演进机制进行系统构图。海洋经济系统虽然有不同的层级划分，但各要素在不同层面是保持统一的。需要说明的是，海洋经济系统中创新要素的融入是创新发展的决定性因素，从"输入—输出"的系统思维来看，创新要素在创新发展导向的海洋经济系统中是作为输入要素而存在的，因此产业创新这一特性则是由输入要素决定的而非作为内生性因素。相对应的，海洋社会经济子系统在该演进机制中则被赋予新的内涵，即作为海洋产业系统创新要素的供给方而存在。尽管系统论的思想尽可能完整地将各种影响因素考虑进来，但是海洋经济系统相比陆域经济而言存在一定的封闭性与独立性，所以在系统流图中反映的主要是具有直接影响力的要素，以链接的形式反映其动态博弈过程。

根据成长上限系统理论，本章构建了海洋经济创新发展中观系统模型，如图 7-2 所示，并在图中标示出了海洋经济系统下四大子系统的主要影响因素，共涉及海洋资本要素存量、海洋环境污染积累量等 5 个状态变量，海洋资本要素投入、海洋生产力要素投入等 22 个变量。海洋经济创新发展中观系统模型从中观层面揭示了对海洋经济创新发展产生促进或抑制作用的影响因素。

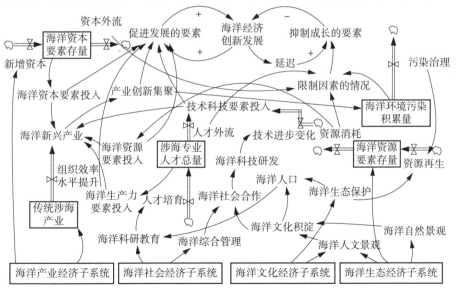

图 7-2 海洋经济创新发展中观系统模型

7.2 海洋经济创新发展的系统基模分析

7.2.1 海洋经济创新发展激励机制系统基模

海洋经济创新发展的过程实质上就是利用各方面的正向反馈调节海洋经济系统在实际情况中的运作效率或是实际效果,促使利益最大化。这些正向反馈调节是海洋经济创新发展激励机制的重要组成部分。

如图 7-3 所示,海洋经济发展可以看作一个增强环路,海洋系统中的主体通过各种要素投入增加人力资本与智力资本,从而通过资本的运作提升其在环境、产业和科研方面的创新能力,继而实现海洋科技创新能力的提升,提升要素的供给能力、配置效率和利用效率,从而实现海洋经济创新发展。

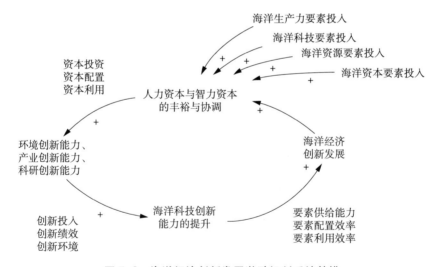

图 7-3 海洋经济创新发展激励机制系统基模

7.2.2 海洋经济创新发展约束机制系统基模

海洋经济创新发展的约束过程同样也是一个复杂的动态过程,基于现实条件的相互作用与理性经济人的潜在追求,构成约束的条件较为多样,具体可以分为创新能力不足、资本外流、资源消耗与环境污染和人才外流等。

如图 7-4 所示，海洋经济发展受限可用这一约束过程来刻画。创新能力不足、资本外流、资源消耗与环境污染和人才外流等约束因素，抑制了海洋经济创新发展，对要素供给能力、要素配置效率和要素利用效率产生影响，进而对海洋经济创新发展产生消极影响。

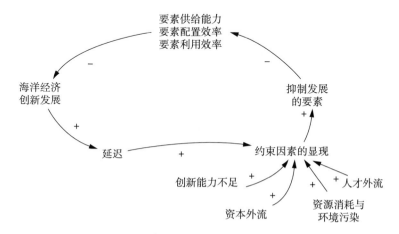

图 7-4 海洋经济创新发展约束机制系统基模

7.2.3 海洋经济创新发展"激励—约束"的耦合机制系统基模

海洋经济创新发展的激励与约束机制存在交叉的部分，即相同要素有可能发挥复合作用。为了揭示其作用机理，本章构建了激励机制与约束机制的系统基模，并对其具体作用进行分解性分析。

如图 7-5 所示，将其独立作用的系统基模整合为"激励—约束"的耦合机制，左侧增强环路为激励机制系统基模，其所代表的含义为：在相关条件的共同作用下，促使人力资本与智力资本满足海洋科技创新能力的提升所需，继而提升海洋产业核心竞争力，达到海洋经济创新发展的目的。右侧抑制环路代表的是约束因素显现形成抑制发展的要素，使海洋经济发展所受约束力度增大。

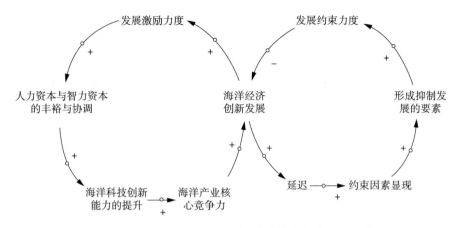

图 7-5　海洋经济创新发展"激励—约束"的耦合机制系统基模

7.3　广东省海洋经济创新发展的"激励—约束"分析

7.3.1　广东省海洋经济创新发展的激励因素

结合广东省实际，海洋经济创新发展的激励因素主要源于政策扶持、资源禀赋和产业基础。广东省海域面积广阔，达到 4193 平方千米，同时拥有长达 4114.3 千米的海岸线[1]。广东省属于低纬度地区，是热带、亚热带海洋性气候，光照充足、气候适宜，资源禀赋丰厚，有着丰富的南亚热带农林牧渔业资源，同时蓝色滨海旅游与生态旅游资源丰富，拥有 6 个国家级海洋公园，占全国国家级海洋公园的 14%[2]，惠州市考洲洋、汕头市青澳湾、茂名市水东湾已获批第一批省级美丽海湾示范点[3]。

广东省海洋经济发展得到国家政策及发展战略的有力支持。一是党的十八大对于海洋强国战略与"一带一路"建设的部署，广东省成为"21世纪海上丝绸之路"的战略支点省份[4]；二是随着广东省建设海洋经济综合试验区与振兴粤东西北战略的全面实施，粤东、粤西地区具备显著的海洋资源和区位优势，粤北地区具备广阔的海洋经济腹地潜力，为广东省孕育出海洋经济发展的新增长点[5]。广东省拥有大批高校，其海洋人才储备已达到一定规模，科研人员与涉海人才已超过 44 万人。

7.3.2　广东省海洋经济创新发展的约束因素

从广东省的现实因素来看，海洋经济创新发展的约束因素主要来自其海洋科技创新驱动力不足、产业布局存在缺陷及能源开发利用过度、海洋生态环境污染。这些约束因素对广东省海洋经济创新发展造成消极影响，抑制广东省海洋经济创新发展的活力，这些约束因素具体可以归纳为以下4点。

一是广东省现有海洋创新平台难以充分满足国家战略需要，海洋创新服务体系市场化程度不足，海洋科技协同创新、产学研一体化成熟度不高，现行政策对于科技创新成果转化的引导程度还有待提高。二是广东省海洋产业布局需要优化，广东省海洋经济增长良好，但整体结构未同步优化。在整个海洋产业中，海洋渔业和海洋工业的附加值比重较大，而沿海旅游业与其他海洋产业的相关性较低，尚未形成产业集群或产业链。海水养殖产业结构单一，主要是个体农业，大型农业企业很少。海洋第三产业发展相对薄弱，沿海旅游和海洋服务业的发展水平仍然很低。三是广东省海洋资源开发利用水平亟待提高，近岸海域围填、渔业过度捕捞、海洋矿物质资源过度开采等传统海洋资源开发方式有待调整和改善。近岸海域面临较高的海洋生态环境污染问题，近岸水质降低、湿地面积减少、生物多样性明显下降，长期依靠浪费资源和污染环境的粗放式开发使得近海生态环境大面积受损、生态系统遭受破坏。四是广东省海洋高新技术产业尚未形成规模。海洋科学技术是海洋产业科学发展的支撑和根本动力，广东省海洋科技对海洋经济的贡献率较低，海洋高新技术产业未形成规模，许多领域仍处于空白，缺乏龙头企业和名牌产品。

7.3.3　广东省海洋经济创新发展的"激励—约束"耦合

海洋经济创新发展是一个动态的过程，该发展或限制的过程在某种程度上会形成动态平衡[6]，因而，在实行以增加发展激励力度的政策行为的过程中，应兼顾避免显现约束因素，减弱发展的约束力度。

从激励机制来分析，促进广东省海洋经济创新发展的关键在于提升发展的激励力度。为了提升发展的激励力度，可以从政策支持入手，增加要素投入，使得人力资本与智力资本保持丰裕与协调，推进海洋科技创新能力建设，提升海洋产业核心竞争力[7]，从而实现海洋经济创新发展。从抑制机制来分析，广东省海洋经济创新发展的约束因素，如人才外流、资源外流等因素的显现使得抑制发展的要素形成，发展约束力度增强，从而对海洋经济创新发展产生抑制。

通过利用海洋经济创新发展激励机制、约束机制及耦合作用，海洋经济的创新发展随着时间推移将会明显得到提升或抑制[8]。因而，广东省海洋经济创新发展在一定时期内将会呈现"提升—抑制—再提升"的发展规律。

7.4 提升广东省海洋经济创新发展的对策建议

7.4.1 促进战略集成创新，构建海洋综合管理体系

传统海洋经济战略孤立、离散的状态，造成了海洋经济发展过程中资源无法永续利用、资源使用效率低下的问题。面对新时期高效、可持续的发展要求，要实现海洋经济发展的战略集成创新，一是吸收借鉴国内外经验，立足宏观战略思维，由上而下树立集成战略观，以发展的眼光寻求战略创新；二是完善海洋经济创新机制，促进高新技术产业园区形成创新文化，以此推进产业长远规划的形成，在确定战略创新主体定位的前提下推动制度创新，推进我国海洋创新机制的建设，继而形成海洋经济创新发展的主体创新环路；三是完善海洋综合管理体系，构建战略实施平台。海洋经济战略创新应紧密围绕海洋活动的实际来开展，加强海洋相关的执政能力建设，提高集成管理水平，并在此基础上构建新的交流平台，引入社会力量，努力构建创新支撑体系。

7.4.2 推进产业技术创新，完善涉海人才培育体系

海洋产业的技术创新，要将传统产业和新兴产业区别对待。对于传统产业，如养殖、捕捞、海产品加工等，可以辅以先进的科学技术，使其能够更加高效；延长产业链，促使其产业升级和现代化。对于新兴产业，要把海洋高新技术的前沿科技作为攻关的主要任务，以点带面，以先进的技术带动整个产业的发展，开拓更加广阔的领域，使更多的行业和项目可以

从中获益，如海洋生物制药、海洋能源开发等。加强政府、产学研、市场之间的联系，以政策导向带动、科研助力、市场推广应用性为先锋普及技术，提高整个社会的生产力。

此外，海洋经济的科技创新需要人才的持续性供应。对于科研领域，不仅要依靠相关领域的科研工作人员，同时也要注重与社会支持产业的联系以及教育机构和研发团队的融合，以发展海洋教育为重点，形成系统有序的人才培养体系；完善激励机制，做好人才安稳工作；整合多方研发力量，搭建创新合作平台，共享科研成果，促成科研领域的成果爆发。

7.4.3 加快上下游产业衔接配套，促进产业链延伸

随着海洋经济的发展，海洋产业逐渐从封闭性发展向集融合生产、加工、贸易、科技等多学科于一体的综合性、多样性发展，产业链较长，具有较大的发展空间。多数关联性较强、资源互补性高的海洋产业具有较强的经济联动性，发展较为可观。

要实现产业链协调创新，首先要倡导产业链内在、自生性的生成与发展。产业链的平稳发展依赖于消费需求的扩大、产业生命阶段的合理推进、产业上下游组织稳定性关系以及产业配套的完整性。其次要发挥政府政策的补充功能，为产业链的发展提供一个良好的发展环境，坚持"决定性内因解决不了的问题再由政府出面解决"的原则，发挥好"补充完善与维护"的作用。最后可成立协调机构，组织推动产业配套，从横向和纵向两个方面对相关产业进行整合与搭配，提升海洋经济产业一体化集成度，扩大海洋经济产业辐射覆盖范围。

7.4.4 创新企业孵化模式，围绕需求提升服务精准化

打造"先就业、学创业、再创业"的创业孵化模式，与当地集团公司达成协议，托管运营创新企业孵化器，引进入孵项目，打造海洋经济"智能制造+互联网"产业基地，借助"技术、资本、股权、人才、市场"全链条创业孵化模式，为传统行业的发展创造新的机遇。

除了创业型企业之外，在提供科技服务的过程中，还要积累一批海洋类大企业，通过为这些公司提供服务，掌握其研发需求，从而定向引导孵化器内的企业或者创客，为双方搭建合作的平台。鼓励孵化器围绕产业发

展需求，融合新型服务，聚焦特定技术领域或特定人群，形成专业技术、项目、人才和服务资源的集聚，实现专业化、特色化发展。鼓励孵化器针对企业所处的不同发展阶段，建立科技创业孵化链条，对创业团队开展选苗、育苗、移苗入孵工作。

7.5 本章小结

本章通过 Vensim PLE 软件，构建了广东省海洋经济创新发展的系统模型，并对其运作规律进行系统分析。对广东省海洋经济创新发展的激励机制、约束机制和"激励—约束"耦合作用进行系统基模分析，从而提出了广东省海洋经济创新发展的对策建议。

参 考 文 献

［1］陈海峰．广东省渔港安全管理研究［D］．长春：吉林大学，2017.

［2］高晓霞，姜淑娟．广东新增两处国家级海洋公园 海洋保护区数量居全国首位［J］．海洋与渔业，2016（9）：44-46.

［3］国家发展和改革委员会 自然资源部．中国海洋经济发展报 2018［M］．北京：海洋出版社．2019.

［4］覃辉银．建设 21 世纪海上丝绸之路战略下深化广东省—新加坡合作研究［J］．东南亚纵横，2015（7）：8-13.

［5］李双建，羊志洪．广东省海洋经济发展的战略思考［J］．中国渔业经济，2012，30（6）：104-110.

［6］宋强敏．辽宁沿海地区海洋生态效率及影响因素研究［D］．大连：辽宁师范大学，2019.

［7］苏明，杨良初，韩凤芹，等．促进我国海洋经济发展的财政政策研究［J］．经济研究参考，2013（57）：3-20.

［8］郑芳．海洋经济对区域经济的影响效应分析：鲁、浙、粤比较［J］．山东农业大学学报（社会科学版），2014，16（3）：107-112，132.

8 广东省海洋经济高质量发展的现实基础

8.1 广东省"三大海洋经济发展区"的基础优势分析

广东省建设"三大海洋经济发展区",具体包括:珠三角海洋经济优化发展区和粤东、粤西海洋经济重点发展区[1],形成"一优化、两重点"发展格局,具有创新研发、产业聚集、临港区位的基础优势。

8.1.1 海洋科技创新研发优势

在珠三角海洋经济优化发展区中,一大批科技兴海基地已经建成并实际投入使用。2019 年,作为国内首个无人船研发测试基地,珠海香山海洋科技港正式建成;南方海洋科学与工程广东省实验室(珠海)投入使用,亦形成了一批具有自主知识产权的海洋科技创新成果。随着科技合作的深入推进,珠三角海洋经济优化发展区海洋科技研发优势不断加深,成为南方海洋科技教育中心和科技创新基地。

在粤东海洋经济重点发展区中,汕头大学"绿色海洋产业技术学科群"不仅科研成果高产,而且为地方经济发展提供了创新技术支撑。近年来,粤东海洋经济重点发展区详细规划涉海科学基础设施建设、近海与远海海域资源科学开发等内容,以提升粤东地区整体海洋科技水平,从而实现海洋前沿科技技术开发、海洋产品深层次加工。

在粤西海洋经济重点发展区中,广东海洋大学作为全国涉海特色高等院校之一[2],拥有广东海洋大学海洋经济与管理研究中心、广东沿海经济带发展研究院等研究机构,提供重要智力支撑。粤西海洋经济重点发展区加快实施创新驱动发展战略,南方海洋科学与工程广东省实验室(湛江)

首批 9 项科研项目启动，湛江海洋科技产业创新中心加快建设。

8.1.2 海洋特色产业聚集优势

在珠三角海洋经济优化发展区中，成功建造世界第一艘沉管运输安装一体船、首艘自主知识产权且建造周期最短的管道挖沟动力定位工程船、华南地区首座自升式风电安装平台等海洋高端装备。珠三角海洋经济优化发展区以产业园区为主要载体，打造现代海洋工程装备制造产业基地。

在粤东海洋经济重点发展区中，形成海上风电机组施工安装、运营维护、专业服务的海上风电产业链。粤东海上风电运维、组装基地加快建设，汕头上海电气组装厂建成投产，揭阳 GE 海上风电总装基地开工建设，海上风电产业基地已初具雏形。同时，粤东海洋经济重点发展区加快建设近海浅水区风电项目，带动海上风电上下游产业发展。

在粤西海洋经济重点发展区中，海洋化工业规模进一步扩大。湛江钢铁项目一期工程建成投产、中科炼化一体化项目进入试产阶段、巴斯夫广东一体化生产基地项目启动建设；茂名炼油能力达到 2500 万吨/年，原油加工和乙烯生产能力均处于国内第一方阵。

8.1.3 海洋临港工业区位优势

在珠三角海洋经济优化发展区中，广州市、深圳市港口建设发展较为成熟，为临港工业提供基本设施和条件。随着一大批临港工业基地的推进，珠三角海洋经济优化发展区已经具备较为完善的海洋临港产业链和相关产业技术。

在粤东海洋经济重点发展区中，涉海项目建设成效显著，依托汕头市工业经济带、揭阳石化基地、潮州临港产业集聚区和闽粤经济合作区，成功引进一批临港重大项目。临港产业园污水处理厂建设、货运码头扩建、公用航道疏浚等工程已完成建设，相关临港外疏道路建设有序开展。随着临港项目建设的引进、推进和落地，粤东海洋经济重点发展区的临港基础设施和配套设施得到不断完善。

在粤西海洋经济重点发展区中，加速形成现代临港工业格局，有效对接北部湾经济区，进一步与实现海南自由贸易港相向而行。粤西海洋经济重点发展区大力发展湛江港临港工业区、茂名港临海工业区，加快建设中科炼化配套码头、东海岛港区杂货码头、霞山港区通用码头，从而为加快发展临港钢铁、石化、物流产业整合资源，提供相应的配套设施。

8.2　广东省"三大海洋经济合作圈"的功能互补分析

广东省构建"三大海洋经济合作圈"，具体包括：粤港澳、粤闽、粤桂琼海洋经济合作圈[3]，全面对接粤港澳大湾区、海峡西岸、北部湾城市群和海南自由贸易港，具有现代海洋产业培育、合作、服务功能。

8.2.1　现代海洋产业培育功能

在粤港澳海洋经济合作圈中，新兴产业得到进一步培育壮大。粤港澳海洋经济合作圈引进和培育以明阳海上风电、广船国际等为代表的一批海洋工程装备龙头企业；积极开展粤澳游艇旅游自由行合作，加快南沙国际邮轮母港开港运营；重点发展中山国家健康产业基地，促进海洋医药企业、检测平台集聚。

在粤闽海洋经济合作圈中，海洋金融业发展拥有良好的培育环境。福建省设立省级专项资金，为培育海洋战略性产业提供财政支持；设立省级投资基金，为海洋服务业等提供金融支持。广东省在深圳前海地区试点涉海金融跨境电子商务，搭建海洋金融要素交易平台。

在粤桂琼海洋经济合作圈中，以港口群为基础，加快沿海经济走廊建设。粤西落户一批重化和钢铁重大项目；北部湾依托边海优势，推进边贸产业集群；海南建设国际旅游岛，培育粤桂琼滨海旅游产业；培育南宁市、海口市、湛江市三大核心城市海洋贸易产业使其协调发展。

8.2.2　现代海洋产业合作功能

在粤港澳海洋经济合作圈中，由于城市群海洋产业发展优势不同，区域间产业关联度大，因而现代海洋产业合作发展潜力明显。粤港澳大湾区5G港口创新中心在广州正式成立，招商局集团5G智慧港口创新实验室在深圳揭牌[4]。粤港澳海洋经济合作圈在海洋运输、港口物流等方面加大合作，共同打造国际一流的现代海洋产业基地。

在粤闽海洋经济合作圈中，重点开展在海洋工程装备制造、海洋生物医药研发等领域的交流合作。依托厦门经济特区，打造海峡两岸海洋经济合作先行区；构建和拓展闽台海洋合作平台，稳步扩大两岸在海洋产业领域的合作；以重点产品类型为突破，推动海洋药物研发和推广应用项目建设。

在粤桂琼海洋经济合作圈中，加强滨海旅游业、海洋交通运输业等产业的合作。以海洋资源探测开发为基础，立足向海优势，积极推动粤桂琼海洋产业合作发展。

在粤桂琼海洋经济合作框架下，构建海上运输通道，对接"中国—东盟"海洋产业，探索推进国际海洋合作路径。

8.2.3 现代海洋产业服务功能

在粤港澳海洋经济合作圈中，海洋通信、海洋观测等方面不断取得关键技术突破，海洋信息获取、海洋大数据等服务能力不断提高。以香港为核心，深圳、广州为枢纽港，积极扩大对"21世纪海上丝绸之路"沿线国家和地区港口的投资，形成航运中心组合性港口群；珠三角作为主阵地，在对接港澳海洋产业过程中，具有"湾+带"联动优势；深圳建设全球海洋中心城市，为粤港澳大湾区海洋产业服务提供新模式。

在粤闽海洋经济合作圈中，通过集约发展临海产业集群，为海水综合利用、海洋风电等提供产业基础。汕潮揭石化基地、广东石化重油加工、广东炼化一体化项目等临海建设项目，能够促进陆域产业与海域产业互动发展，进一步优化海洋能源产业结构和布局。

在粤桂琼海洋经济合作圈中，整合海南国际旅游岛、北海银滩和湛江"五岛一湾"等资源，服务滨海旅游产业。粤桂琼海洋经济合作圈通过有效推进海洋运输产业发展和临海港口建设，形成海洋生态观光、海洋特色文化等旅游业态，共建粤桂琼滨海旅游品牌。

8.3 广东省"两大海洋前沿基地"的推动效应分析

广东省打造"两大海洋前沿阵地"，具体包括海洋供给侧结构性改革示范基地、海洋"走出去"基地，具有海洋供给侧结构性改革、国际海洋经济合作开发推动效应。

8.3.1 海洋供给侧结构性改革推动

以海洋产业为抓手，打造海洋供给侧结构性改革示范基地。提高海洋资源开发利用水平，加快深海资源勘探与开采，实施海水淡化与利用，促进海洋生物医药研发和加工；加大海洋生态环境保护力度，发展具有广东特色的滨海旅游产业。广东省通过打造海洋供给侧结构性改革示范基地，提升海洋主导产业优势，推动构建现代海洋产业体系。

依托海洋科技创新，打造海洋"走出去"基地。广东省以提高海洋科技研发与转化为主要方式，实施"科技兴海"战略，进一步推动海洋供给侧结构性改革。加强海洋关键核心技术研究，以近海科技创新、深海大洋研究、海洋装备研发为主要突破口，搭建蓝色海洋创新平台；打造高端海洋特色产业基地，依托海洋科技创新重点示范工程，培育了一批创新能力强、特色突出的海洋战略性新兴产业。广东省通过打造海洋"走出去"基地，推动海洋科技成果转化与应用，形成广东省海洋经济的新增长极。

8.3.2 国际海洋经济合作开发推动

加强海洋交流合作，促进海洋供给侧结构性改革示范基地建设。广东省依托主要港口和临港工业基地，重点发展港口物流、海洋会展，加强与国际海洋经济发达地区的互动往来；积极参加海洋领域国际学术交流，共建海外科技园、企业孵化器。广东省通过打造海洋供给侧结构性改革示范基地，积极推动与国际先进国家和地区的海洋科技协作交流、海洋技术合作开发。

利用区位优势条件，促进海洋"走出去"基地建设。广东省积极利用共建"21世纪海上丝绸之路"的有利条件和因素，加强与"一带一路"沿线国家在远洋渔业、海上运输产业等领域的合作。广东省基于良好的地理区位和交通条件，与越南、菲律宾、马来西亚、新加坡等东南亚国家展开广泛合作。广东省积极打造海洋"走出去"基地，在国际海洋经济合作开发过程中占据主导地位。

8.4 广东省海洋经济高质量发展的整体状况分析

8.4.1 现代海洋产业体系

广东省拥有扎实的海洋产业发展环境基础，以运输、油气、旅游等为主体重点发展，涉及船舶、化工、能源等产业在内的全面发展，海洋产业区域布局日趋科学合理。

如图 8-1 所示，广东省海洋产业比例因为海洋服务业优化效果持续增强，由 2006 年的 4.4∶39.9∶55.7 调整为 2012 年的 1.7∶48.9∶49.4；因为产业结构优化驱动力转变为第三产业主推动，由 2013 年的 1.7∶47.4∶50.9 调整为 2019 年的 1.9∶36.4∶61.7。目前，广东省已经基本形成门类齐全、以现代产业为主导的海洋产业体系，海洋产品、服务正不断迈进国际市场。

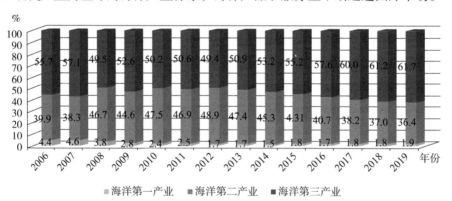

图 8-1　2006—2019 年广东省海洋三次产业增加值占海洋生产总值比重

注：数据来源于广东省海洋经济发展报告。

8.4.2 海洋科技创新驱动

为大力实施创新驱动发展战略，推动海洋经济高质量发展，广东省加快海洋科技创新步伐，有效促进科技创新与产业发展深度融合。

如图 8-2 所示，由于海洋科技创新支撑力量不断增强，各项海洋科技创新成果得到有效转化与应用，2006—2019 年，海洋科技创新成果获得广东省科学技术奖，总数保持在 3 项及以上。获奖海洋科技创新成果主要集中在科技进步类，包括深海资源勘探开采技术突破、海洋船舶装备制造技术创新、海洋数据信息系统技术研发等领域。目前，广东省海洋科技主体日益壮大，海洋科技创新能力和发展水平得到全面提升。

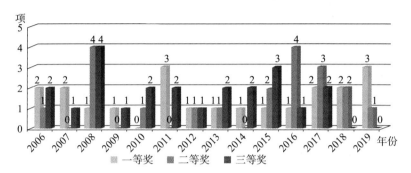

图 8-2 2006—2019 年海洋科技创新成果获得广东省科学技术奖情况

注：数据来源于广东省科学技术厅官网。

8.4.3 海洋生态文明建设

广东省高度重视海洋环境保护，持续推动海洋生态文明建设。如图 8-3 所示，2006—2019 年，广东省海洋类自然保护区面积占比维持在较高水平。

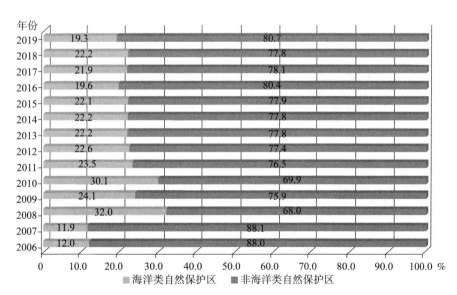

图 8-3 2006—2019 年广东省海洋类自然保护区面积占自然保护区总面积的比例情况

注：数据来源于广东省海洋环境公报。

坚持以人为本、人海和谐的原则，全面推进实施涵盖海岸线、沙滩、海堤、湿地、海湾在内的海洋生态修复"五大工程"，积极开展粤港澳"蓝色湾区"守护行动，重点推动海堤生态化改造、沿海防护林建设等重点工程。坚持绿色发展方式和生活方式，有效改善海洋生态环境，加强海洋生态保护修复宣传，将海洋生态文明建设纳入海洋开发总布局。

8.4.4 海洋合作开放格局

广东省处于中国改革开放的前沿，海洋经济对外开放程度较高，海上运输交通体系较完善，其面向南海，毗邻东南亚，在"一带一路"倡议、中国—东盟自贸区等国家开放战略中具有重要地位和作用。

如图 8-4 所示，在近几年中国海洋经济博览会参展企业中，境外企业占比较大，呈现出上升趋势。广东省成功举办中国海洋经济博览会、世界港口大会、全球蓝色经济合作伙伴论坛、中国—东盟"蓝色经济伙伴关系"对话、中国邮轮产业发展大会等，为深化海洋领域合作，搭建交流互动平台；全力支持深圳加快建设全球海洋中心城市，积极打造南海开发保障服务基地，设立国际海洋开发银行，为加大海洋开放力度，提供有效的助力；致力于与海上丝绸之路沿线国家和地区基础设施互联互通、经贸合作、人文交流，形成覆盖面更广、措施更有效、交流更深入的海洋合作开放格局。

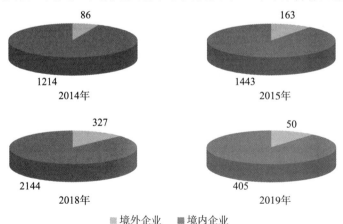

图 8-4 2014—2019 年中国海洋经济博览会参展企业构成情况

注：数据来源于中国海洋经济博览会官网。

8.4.5 海洋公共服务能力

近些年，广东省在海洋公共服务领域新技术、新成果不断涌现，通过重点提供基础性、生产性和消费性服务，进一步提高广东省海洋公共服务能力。

如图 8-5 所示，2006—2019 年，广东省海洋第三产业产值增速均保持在 10.0% 以上，产业发展较为稳定。广东省应进一步推动省内涉海单位充分发挥资源优势，加强深度合作，实现共建共享；加快海洋交通运输业信息化进程，积极扩大对"21 世纪海上丝绸之路"沿线国家和地区港口的投资；释放海洋滨海旅游新业态潜能，积极探索"旅游+文化""旅游+互联网"等滨海旅游创新模式，通过提高海洋滨海旅游产品多样化程度，深挖海洋滨海旅游市场潜力；完善海洋调查、观测、监测、反馈系统，通过使用海洋气象探测无人机、海洋卫星遥感等技术，搭建海面船舶调查、海洋观测站点，推进建设"四位一体"的海洋综合立体观测网。

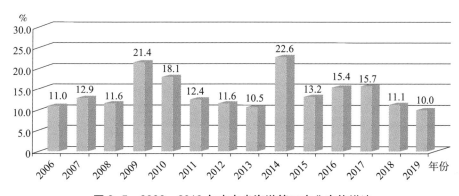

图 8-5　2006—2019 年广东省海洋第三产业产值增速

注：数据来源于广东省海洋经济发展报告。

8.5　本章小结

本章基于广东省海洋经济高质量发展的现实基础，得出广东省海洋经济高质量发展整体状况良好的研究结论。依托"三大海洋经济发展区"

"三大海洋经济合作圈""两大海洋前沿阵地"的功能互补作用，广东省海洋经济高质量发展的基础优势明显，推动效应显著。

参 考 文 献

[1] 王烨嘉，原峰，李杏筠.广东省海洋经济主导产业选择研究[J].合作经济与科技，2019（10）：14-16.

[2] 黄蔚艳，罗峰.我国海洋产业发展与结构优化对策[J].农业现代化研究，2011，32（3）：271-275.

[3] 黄霓.粤鲁浙海洋经济发展比较[J].新经济，2011（11）：72-76.

[4] 周翔，秦晴.智能化：粤港澳大湾区文化产业发展的基点和方向[J].深圳大学学报（人文社会科学版），2019，36（6）：48-57.

9 广东省海洋经济高质量发展的投入产出机制

9.1 广东省海洋经济高质量发展的要素投入与集聚

海洋经济高质量发展不仅需要简单的自然资源要素投入，而且需要考虑海洋经济发展对海洋环境的影响等。因而，受自然、人力、资本、技术和生态等多种要素的相互作用和影响。

9.1.1 自然要素

广东省在海洋运输、海洋生物、海洋矿产、滨海旅游等领域，拥有十分丰富的海洋自然资源，具备十分优越的海洋自然条件。海域面积辽阔，达 42 万平方千米，占全国海域面积的 14%；海岸线绵长，拥有 4000 千米大陆海岸线，长度居全国第一位；海岛数量众多，约有 1350 个海岛，数量居全国第二位；天然海湾较多，有大、小海湾 510 多个，适宜建造大型、中型临海港口。

9.1.2 人力要素

广东省海洋经济高质量发展的人力要素比较薄弱，一方面，虽然涉海就业人数总量居全国首位，增长速度较快，但是其总量占全省总体就业人员的比例不高，与上海、天津、海南等沿海地区存在较大差距；另一方面，广东省涉海就业人员科技素质有待提高，从事海洋科技活动人员占总体涉海就业人员比例较少，具有高级职称的海洋科技人员总数明显低于上海、天津、江苏等沿海地区，尤其缺乏海洋工程装备制造、海洋生物医药、海洋深海资源勘探等海洋新兴产业领域高端科技人才。

9.1.3 资本要素

广东省拥有众多的大型港口码头、深水良港，众多在建、新建跨海桥梁、港口航道、海湾隧道等重点海洋基础设施建筑，南沙深海科技创新基地、天然气水合物钻采船、南沙龙穴岛深水码头等标志性基础设施项目快速推进。在金融支持方面，广东省安排财政专项资金，重点支持海洋六大产业创新发展、政策性渔业保险补助等，持续推进海洋领域的债券、股票、保险市场的建立和发展，投放贷款资金有力支持疏港公路、渔港等涉海基础设施项目建设。

9.1.4 技术要素

广东省海洋科技支撑力量不断增强，引导海洋领域产学研协同创新，推动科技人才聚集到涉海产业，大力发展海洋高新技术企业、产业。海洋科技成果应用转化丰硕，广东省海洋科技主体日益壮大、创新成果显著，涉海高新技术企业数量众多，在海洋生物医药、海洋可再生能源、海洋油气开发利用等领域，所获得的授权专利丰硕，海洋工程装备制造作业能力和技术水平已经取得国际领先地位。

9.1.5 生态要素

广东省高效利用能源，能耗维持在较低水平。海洋电力业增加值明显提高，通过大力发挥海上风电、核电、波浪能等海洋能源产业，促使海洋可再生能源向示范应用发展；通过强化陆海污染综合治理，严格控制入海污染排放，继续推进海洋环境污染防治、海洋生态环境治理修复工程，推进海洋生态文明示范区建设，谋划、构筑和筑牢广东省海上生态安全防护屏障。

9.2 广东省海洋经济高质量发展的"投入—产出"模型

本章以广东省为研究对象，使用 DEA-Malmquist 指数方法来测算海洋全要素生产率，衡量海洋经济高质量发展水平。参照范斐等[1]的研究成果，本章选取 4 项输入指标和 1 项输出指标，见表 9-1，测算广东省海洋全要素生产率。相关数据主要来源于《中国海洋统计年鉴》《广东省海洋环境质量公报》。

资本投入指标。选取"海洋经济资本存量"作为变量指标，反映资本的投入情况，借鉴张军等[2]、何广顺等[3]关于海洋资产存量的估计方法，在用永续盘存法计算出固定资产存量的基础上，计算出海洋资产存量，具体计算方法为：海洋资产存量=广东省资产存量×（广东省海洋生产总值/广东省生产总值）。

劳动投入指标。选取"涉海就业人数"作为变量指标，反映劳动力的投入情况，借鉴李彬、高艳[4]关于年均海洋从业人数的计算方法：本年度平均从业人数=（上年度年末从业人数+本年度年末从业人数）/2。

资源投入指标。选取"海洋能源消耗"作为变量指标，反映海洋资源的消耗情况。其中，广东省海洋能源消耗=（广东省海洋生产总值/广东省生产总值）×广东省能源消费总量。

技术投入指标。选取"海洋科研机构经费收入"作为变量指标，即海洋科研机构所获经费总和，反映海洋科技创新的财力投入情况。

经济产出指标。选取"海洋经济生产总值"作为变量指标，反映出海洋生产活动产生的经济效益，以 2006 年为基期，得到不变价格下广东省实际海洋生产总值，反映海洋经济增长的实际变动情况。

表 9-1　海洋经济高质量发展的"投入—产出"评价指标体系

系统层	准则层	指标层	单位	正、逆向
海洋经济高质量发展	要素投入	海洋经济资本存量（A_1）	平方米·人$^{-1}$	正
		涉海就业人数（A_2）	吨·人$^{-1}$	正
		海洋能源消耗（A_3）	平方米·人$^{-1}$	正
		海洋科研机构经费收入（A_4）	平方米·人$^{-1}$	正
	产出效益	海洋经济生产总值（B_1）	吨	负

9.3　广东省海洋经济高质量发展全要素生产率测算

9.3.1　全要素生产率测算方法

DEA 是由 Charnes 等[5]提出的比较同一类型部门相对效率的方法，在输入或者输出不变的条件下，投影在前沿曲线上的决策单元，效率值为 1；而投影不在前沿曲线上的决策单元，效率值范围在 0~1。本章运用 DEA 方法中的 C^2R 模型，设定决策单元数为 n，每种决策单元都有 m 种输入和 s 种输出，将松弛变量 s^-、剩余变量 s^+ 和非阿基米德无穷小量 ε 加入线性规划[6]可得

$$\begin{cases} \min \left[\theta - \varepsilon \left(\sum_{r=1}^{t} s_r^+ + \sum_{i=1}^{m} s_i^- \right) \right] \\ s.t. \sum_{j=1}^{n} X_j \lambda_j + s^- + \theta X_{j0} = 0 \\ \sum_{j=1}^{n} Y_j \lambda_j - s^+ = Y_{j0} \\ \lambda_j \geqslant 0, \ j = 1, \ 2, \ 3, \ \cdots, \ n \\ s^- \geqslant 0 \\ s^+ \geqslant 0 \end{cases} \quad (9-1)$$

设模型最优解对应 θ'、$s_r^{+'}$、$s_i^{-'}$，如果 $\theta' = 1$，$s_r^{+'} > 0$，$s_i^{-'} > 0$，则代表该决策单元属于 DEA 有效[7]，在实现技术有效的同时，也保证规模的有效；如果 $\theta' = 1$，$s_r^{+'} > 0$，或 $s_i^{-'} > 0$，则代表该决策单元属于弱 DEA 有效，不能在实现技术有效的同时，也保证规模的有效；如果 $\theta' < 1$，则代表该决策单元属于非 DEA 有效，其技术和规模均未能达到有效[8]。若存在 $\lambda_j (j = 1, \ 2, \ 3, \ \cdots, \ n)$，使 $\sum_{j=1}^{n} \lambda_j < 1$ 成立，则 DMU_j 为规模效率不变，即规模有效；若 $\sum_{j=1}^{n} \lambda_j > 1$ 成立，则 DMU_j 为规模效率递减，且 $\sum_{j=1}^{n} \lambda_j$ 的值越大，规模递减趋势越大。

Sten Malmquist 在 1953 年提出了马尔奎斯指数，后来逐渐发展成为测度生产效率的 Malmquist 指数。Fare 等（1992）[9]把 Malmquist 指数定义为

$$M_{t,t+1} = [M_t, \ M_{t+1}]^{1/2} = \left[\frac{D_t(x_{t+1}, \ y_{t+1})}{D_t(x_t, \ y_t)} \cdot \frac{D_{t+1}(x_{t+1}, \ y_{t+1})}{D_{t+1}(x_t, \ y_t)} \right]^{1/2} \quad (9-2)$$

由公式（9-2）可知，Malmquist 指数的优势在于它将生产率的变化分解为技术变动（Tech）和效率变动（Effch）。当假设规模报酬不变时，效

率变化可以分解为纯技术效率变动（Pech）和规模效率变动（Sech）。

$$Effch = Pech×Sech \qquad (9-3)$$

$$Tfpch = Effch×Tech = Pech×Sech×Tech \qquad (9-4)$$

9.3.2　全要素生产率测算结果

在 2006—2019 年广东省海洋经济数据的基础上，借助 DEA-Malmquist 模型，动态评价广东省海洋经济高质量发展水平。通过将广东省作为一个决策单元 DMU，利用 DEAP2.1 软件计算出广东省海洋经济高质量发展全要素生产率及分解指标的具体情况。

从表 9-2 的结果可知，2006—2019 年，广东省海洋经济高质量发展全要素生产率提升 10.2%，技术效率变化均值为 1.103，技术进步均值为 1.003，说明广东省海洋经济高质量发展全要素生产率的提高主要依靠海洋技术发展。

表 9-2　2006—2019 年广东省海洋经济高质量发展全要素生产率及分解指标

年份	Effch	Tech	Pech	Sech	Tfpch
2006	1.362	0.785	1.023	1.331	1.069
2007	1.080	0.887	1.052	1.026	0.957
2008	1.166	1.060	1.068	1.092	1.236
2009	1.097	0.909	1.073	1.022	0.997
2010	1.108	0.929	1.067	1.038	1.029
2011	0.955	1.019	1.032	0.925	0.973
2012	1.071	1.031	1.073	0.998	1.104
2013	1.014	1.025	1.085	0.935	1.040
2014	1.063	1.071	1.098	0.968	1.138
2015	1.060	0.877	1.036	1.023	0.929
2016	1.092	1.235	1.033	1.057	1.348
2017	1.110	1.097	1.042	1.065	1.217
2018	1.114	1.077	1.059	1.052	1.200
2019	1.149	1.041	1.076	1.068	1.196
平均	1.103	1.003	1.058	1.043	1.102

通过分析纯技术效率、规模效率变化与技术效率变化的对应关系可以

发现，2006—2010 年，纯技术效率、规模效率对技术效率提升效果相当显著；2011—2019 年，纯技术效率主导技术效率提升，而规模效率对技术效率提升效果不显著；从 2016 年开始，纯技术效率迅速提高，规模效率维持一定水平，进而促使技术效率进入稳定提升阶段。

从图 9-1 中，2006—2019 年广东省海洋经济高质量发展效率指标变化情况来看，技术效率在 2006—2014 年呈现波动变化，2015—2019 年稳定上升，整体上升幅度超过 10%，呈现出明显上升趋势；技术进步效率在 2006—2011 年保持稳定上升，2012—2015 年呈现波动变化，2016—2019 年持续下降，整体上升幅度较小，出现轻微下降趋势；纯技术效率在 2006—2009 年轻微上升，2010—2015 年呈现波动变化，2016—2019 年大幅度上升，整体上升幅度水平超过 5%；规模效率在 2006—2010 年呈现波动变化，2011—2014 年维持较低水平，2015—2019 年处于稳定上升，整体上升幅度水平不高；全要素生产率在 2006—2015 年出现明显波动，在 2016—2019 年稳定在较高水平，整体上升幅度超过 10%。因此，从整体情况来看，广东省海洋经济高质量发展效率提升主要得益于海洋科技的进步和发展。

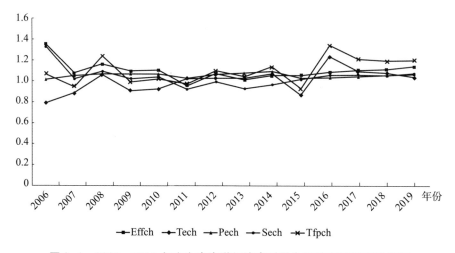

图 9-1 2006—2019 年广东省海洋经济高质量发展效率指标变化情况

9.4 结论与建议

9.4.1 结论

本章基于 2006—2019 年广东省海洋经济高质量发展的"投入—产出"指标数据，运用 DEA-Malmquist 模型，动态评价广东省海洋经济高质量发展水平，得出以下结论。

一是广东省海洋经济高质量发展效率整体水平仍然存在一定的增长空间，海洋科技水平是影响海洋经济效率的重要因素，海洋科技进步有利于海洋经济效率的进一步提高。二是广东省海洋经济发展主要处于效率变动的有效状态，海洋经济效率呈现出上升趋势。三是纯技术无效和规模无效共同作用导致广东省海洋经济高质量发展效率的 DEA 无效，海洋资源配置不合理、海洋经济规模不足也会导致海洋经济效率难以进一步提高。

综上所述，广东省海洋经济高质量发展各效率指标均有提高，主要依靠技术进步，海洋科技为提高海洋经济高质量发展提供动力，海洋科技的缺乏将限制海洋经济的进一步发展。

9.4.2 建议

（1）利用区域资源优势，发展现代化海洋产业

我国各个沿海省份的自然资源禀赋、地理区位、基础设施条件都不同，拥有各自的区域优势。因此，广东省应该根据自身区域的资源优势，发展现代化海洋产业。

广东省位于南部海洋经济圈，海域辽阔、海洋油气、海洋生物资源丰富，发展的潜力和空间巨大，应该利用自然禀赋优势建设以海洋生物产业、海洋能源产业、海水利用产业等为主体的现代化海洋产业基地。提高海洋经济效率要求用较少的要素投入与资源消耗获取相对较大的经济效益，通过提高海洋经济效率有利于加强对海洋生产要素的综合利用，进一步激发广东省海洋经济发展的潜力。

广东省需要依托优势区域和重点领域，探索形成海洋新兴产业的产业

链和产业集群模式，促进海洋新兴产业集聚、扩大海洋新兴产业规模，形成优势互补、技术相融的海洋新兴产业发展环境，提高海洋新兴产业的集群效应和规模效应。从资源、劳动密集型转向资金、技术密集型的海洋产业发展方式，进一步完善现代海洋新兴产业体系，为广东省海洋经济发展提供新动力，实现海洋经济集约化发展。

（2）扭转区域技术劣势，加大海洋科技的研发与应用

海洋技术对海洋生态环境有着重要的影响作用。在海洋企业经营方面，通过利用现代化的海洋技术，海洋企业改变了传统的经营模式，对海洋生态资源的利用能力进一步提高；在海洋活动监管方面，将海洋技术运用到海洋活动的监管中，各类高污染、高能耗的海洋活动将受到限制和管控，保护海洋生态环境；在海洋开发过程中，海洋探测技术、海洋信息技术等，有利于合理开发海洋。

广东省海洋经济发展水平比较高，海洋信息技术、海洋探测技术等高新技术掌握的程度比较高。因此，可以进一步加大海洋科技的研发和应用力度，通过建立地方海洋科技研发专项资金，用于海洋技术研发、海洋技术创新和建立海洋研究设施等各类海洋科技项目的实施，加大技术研发的扶持和引导力度，通过财政政策的扶持，为海洋技术研发提供财政资金。

广东省应该加快引导海洋科技的政产学研协同，鼓励产学研联合开展重大科技合作，并将成果应用到企业的生产过程中，加强政产学研相结合的海洋科技创新体系建设，完善技术服务平台，促进海洋科技的成果转化和加快海洋技术的推广应用，提高海洋科技创新对海洋经济增长的贡献率，着重发挥海洋科技的创新驱动能力，以海洋科技创新驱动海洋经济发展。

（3）强化区域互联互通合作，实现区域间的协调发展

我国沿海省份的发展程度不同、自身的优势不同等因素导致海洋生态效率存在区域差异。我国应从制度统筹、机制建立、人才流动3个层面，强化区域互联互通合作，实现区域间的协调发展。

实现区域互联互通合作的制度统筹，为广东省与其他沿海省份互联互通合作提供制度保障。一方面，对广东省的海洋资源开发、海洋产业发展、海洋生态环境保护进行制度统筹，对于战略性海洋活动进行统筹安

排;另一方面,通过区域互联互动合作的制度统筹,将广东省与其他沿海省份各自区域内的战略目标提升到跨区域层面。区域互联互通合作的制度统筹,有利于实现区域间协调发展的制度化。

建立区域互联互通对接与合作机制,推动广东省与其他沿海省份互联互通合作进程。区域互联互通对接与合作机制主要包括海洋产业合作机制、海洋环境联动治理机制等,为海洋产业合作和海洋环境治理实现跨区域合作提供机制支撑。根据广东省与其他沿海省份互联互通合作的发展阶段,在建立区域互联互通对接与合作机制时,首先建立联合工作组,其次建立互联互通合作委员会,保持广东省与其他沿海省份的定期沟通和协调。

鼓励人才的跨区域流动,为广东省与其他沿海省份互联互通合作提供人才支持。实现区域互联互通合作需要大量的人才作为基础,而且人才的不平衡会导致区域间的发展差异。政府要出台相应的政策,鼓励人才的跨区域流动,并对流动人才进行合理配置。通过政府的鼓励政策,提高人才配置的合理性和效率。人才跨区域流动,有利于为区域间的互联互通合作提供新的动力,也有利于人才资源的合理配置和利用。同时,广东省政府还要对跨区域流动人才进行管理,引导人才科学、有序地实现跨区域流动,为人才跨区域流动提供良好的环境。

9.5 本章小结

本章研究广东省海洋经济高质量发展的投入驱动机制,考虑自然、人力、资本、技术、生态等要素的投入与集聚情况,构建海洋经济高质量发展的"投入—产出"评价指标体系,运用 DEA - Malmquist 方法,测算2006—2019 年广东省海洋经济高质量发展全要素生产率及分解指标。通过对广东省海洋经济高质量发展的驱动机制进行研究,发现广东省海洋经济高质量发展各效率指标主要依靠技术进步而得到提高,海洋科技对于海洋经济的发展具有显著的影响作用。

参考文献

[1] 范斐,孙才志,张耀光.环渤海经济圈沿海城市海洋经济效率的实证研究 [J].统计与决策,2011 (6):119-123.

[2] 张军,吴桂英,张吉鹏.中国省际物质资本存量估算:1952—2000 [J].经济研究,2004 (10):34-44.

[3] 何广顺,丁黎黎,宋维玲.海洋经济分析评估理论、方法与实践 [M].北京:海洋出版社,2014.

[4] 李彬,高艳.我国区域海洋经济技术效率实证研究 [J].中国渔业经济,2010,28 (6):99-103.

[5] CHARNES A., COOPER W. W., RHODE E. Measuring the efficiency of decision making units [J]. European journal of operational research,1978 (2):429-444.

[6] 刘磊.金融资源配置效率的 DEA 分析 [J].金融理论与实践,2015 (3):48-52.

[7] 易荣华,王宁,沈刘巅.Interval DEA 模型中决策单元的投影问题 [J].数学的实践与认识,2010,40 (17):1-13.

[8] 邓波,张学军,郭军华.基于三阶段 DEA 模型的区域生态效率研究 [J].中国软科学,2011 (1):92-99.

[9] FARE R., SHAWANA G., LINDGREN B., et al. Productivity changes in Swedish pharmacies1980—1989:a non-pmanietric malmquist approach [J]. Journal of productivity changes in Swedish productivity analysis,1992,3 (1):81-97.

广东省海洋经济高质量发展的动力传导机制

10.1 广东省海洋经济高质量发展的驱动力因子识别

影响海洋经济高质量发展驱动力因素有很多,参照刘大海等[1]、李彬等[2]和房辉等[3]学者的研究成果,从海洋创新驱动的基础、投入、产出和环境等层面,识别海洋经济高质量发展的驱动力因子,见表10-1。相关数据主要来源于《中国海洋统计年鉴》《广东省统计年鉴》《广东科技年鉴》。

海洋创新驱动基础。政府财政科学支出、政府资金支持力度能够很好地体现出海洋科技创新的政府财政基础;高新技术产业规模、企业科技研发强度可作为海洋科技创新的企业研发基础。

海洋创新驱动投入。海洋科技活动人员和海洋科技从业人员代表海洋领域的人员投入;海洋科技机构经费和海洋科技机构投资体现出海洋科技机构的经费支持能力。

海洋创新驱动产出。海洋创新驱动的产出成果涵盖多种形式,包括专利授权、期刊论文、著作书籍和项目课题等。这些产出成果体现出海洋科技创新驱动效果,产出成果越多,驱动效果越好。

海洋创新驱动环境。海洋创新环境以经济对外开放程度、海洋经济发展规模、科技创新重视程度和海洋科技创新气氛作为重要体现,如对外开放水平越高,经济发展规模越大;创新重视程度越高,创新气氛越浓厚,有利于为海洋科技创新驱动营造合适的环境,也有利于促进海洋科技创新驱动水平的提高。

表 10-1　海洋创新驱动水平测度评价指标体系

目标层	准则层	指标层	指标含义	单位
海洋创新驱动水平	海洋创新驱动基础	政府财政科学支出 A_1	地方财政科学支出占地方财政支出比例	%
		政府资金支持力度 A_2	地方政府资金投入占全社会 R&D 经费比例	%
		高新技术产业规模 A_3	高技术产业总产值占地方生产总值比例	%
		企业科技研发强度 A_4	地方企业资金投入占全社会 R&D 经费比例	%
	海洋创新驱动投入	海洋科技活动人员 B_1	海洋科研机构中从事科技活动的人员	人
		海洋科技从业人员 B_2	海洋科技机构直接组织工作并支付工资的人员	人
		海洋科技机构经费 B_3	海洋科研机构获得的全部经费之和	亿元
		海洋科技机构投资 B_4	海洋科研机构中基本建设的政府投资额	亿元
	海洋创新驱动产出	海洋科技专利授权 C_1	专利管理部门授予专利权的海洋科技专利数量	个
		海洋科技论文发表 C_2	国内外学报或学术期刊上发表的海洋科技论文数量	篇
		海洋科技著作出版 C_3	由出版机构正式印刷发行的海洋科技书籍数量	本
		海洋科技项目课题 C_4	海洋科技领域的科研项目课题数量	项
	海洋创新驱动环境	经济对外开放程度 D_1	地区进出口总额占地区生产总值比例	%
		海洋经济发展规模 D_2	海洋经济生产总值占社会生产总值比例	%
		科技创新重视程度 D_3	财政科学技术支出占一般预算支出比例	%
		海洋科技创新气氛 D_4	地区海洋科技机构占全国总数比例	%

10.2　广东省海洋经济高质量发展的创新驱动力模型

10.2.1　PCA 主成分分析法

为了对问题进行全面、充分的研究，评价指标个数往往会比较多，而多属性评价指标会导致多重共线性问题，出现评价不准确的情况[4]。Hotelling 提出主成分分析法[5]，在大幅度减少变量个数的同时，也保留了大量信息。本章基于 PCA 主成分分析法，设随机变量 X_1、X_2、$X_3 \cdots X_p$，p 为指标总数，a_{ip} 为变量系数（$i = 1, 2, 3, \cdots, p$）；用 X 的 p 个向量作线性组合

$$\begin{cases} C_1 = a_{11}X_1 + a_{12}X_2 + a_{13}X_3 + \cdots + a_{1p}X_p \\ C_2 = a_{21}X_1 + a_{22}X_2 + a_{23}X_3 + \cdots + a_{2p}X_p \\ C_3 = a_{31}X_1 + a_{32}X_2 + a_{33}X_3 + \cdots + a_{3p}X_p \\ \qquad\qquad\qquad\vdots \\ C_p = a_{p1}X_1 + a_{p2}X_2 + a_{p3}X_3 + \cdots + a_{pp}X_p \end{cases} \qquad (10-1)$$

其中，$a_{i1}{}^2 + a_{i2}{}^2 + a_{i3}{}^2 + \cdots + a_{ip}{}^2 = 1 (i = 1, 2, 3, \cdots, p)$。若 $C_1 = a_{11}X_1 + a_{12}X_2 + a_{13}X_3 + \cdots + a_{1p}X_p$，且使 $Var(C_1)$ 最大，则 C_1 为第一主成分；若 $C_2 = a_{21}X_1 + a_{22}X_2 + a_{23}X_3 + \cdots + a_{2p}X_p$，$(a_{21}, a_{22}, a_{23}, \cdots, a_{2p})$ 垂直于 $(a_{11}, a_{12}, a_{13}, \cdots, a_{1p})$，且使 $Var(C_2)$ 最大，则称 C_2 为第二主成分。各主成分的方差贡献率为

$$a_i = \sum_{j=1}^{p} a_i X_i \qquad (10-2)$$

方差贡献率数据大小可以反映出指标的信息量程度，具体表现为指标方差贡献率与信息量呈现出正比关系，本章选择的主成分累计贡献率为 85% 以上。

10.2.2　适应性检验

为了验证原有变量是否适合进行主成分分析，需要进行适应性检验，主要包括：Bartlett's 球度检验和 KMO 检验两种形式。

Bartlett's 球度检验中提出原假设 H0：相关系数矩阵是单位阵[6]，即现有变量数据不适合做主成分分析。若 Bartlett's 球度检验中得到的 p 值小于显著性水平 α，则可以拒绝原假设，说明原有变量相关系数矩阵为非单位阵，可以进行主成分分析；反之，若 p 值大于 α，则不能拒绝原假设，说明原有变量相关系数矩阵为单位阵，不适合做主成分分析。各变量 Bartlett's 球度检验结果，见表 10-2。

表 10-2　Bartlett's 球度检验结果

指标	近似卡方	自由度	显著水平
海洋创新驱动基础	34.446	6	0.000*
海洋创新驱动投入	76.352	6	0.000*
海洋创新驱动产出	91.441	6	0.000*
海洋创新驱动环境	40.096	6	0.000*

注：*、**和***分别表示在 1%、5%、10%的统计水平上显著。

通过对各个原有变量进行 Bartlett's 球度检验可以发现，各个变量在 $\alpha =$ 0.05 水平上均为显著，因此可以拒绝原假设 H0。通过 Bartlett's 球度检验，现有变量数据适合做主成分分析。

KMO 的取值范围为 0~1，KMO 值越接近于 0，代表原有变量间相关程度越弱；而 KMO 值越接近于 1，则代表原有变量间相关程度越强。各变量 KMO 值，见表 10-3。

表 10-3　KMO 检验结果

指标	KMO 值
海洋创新驱动基础	0.588
海洋创新驱动投入	0.541
海洋创新驱动产出	0.788
海洋创新驱动环境	0.445

注：KMO 检验结果由 Stata 15.1 软件计算得出。

根据 Kaiser 提出的 KMO 度量标准[7]，主成分分析 KMO 值应在 0.500 水平以上。在上述检验结果中，各变量 KMO 值都超过 0.500，通过 KMO 检验。因此，现有变量数据适合进行主成分分析。

10.3　广东省海洋经济高质量发展的创新驱动力测度

根据各个成分的方差贡献值可知，3 个主成分的累计方差贡献超过 85%。同时，3 个主成分均满足初始特征值大于 1 的基本原则。因此，选取主成分 1、主成分 2 和主成分 3，得到各指标主成分得分系数，见表 10-4。

表 10-4　各指标主成分得分系数

指标		Component1	Component2	Component3
海洋创新驱动基础	政府财政科学支出 A_1	0.557	−0.352	−0.029
	政府资金支持力度 A_2	0.498	−0.528	0.332
	高新技术产业规模 A_3	0.400	0.694	0.597
	企业科技研发强度 A_4	0.531	0.341	−0.730
	贡献率	0.673	0.255	0.055

	指标	Component1	Component2	Component3
海洋创新驱动投入	海洋科技活动人员 B_1	0.548	0.420	0.149
	海洋科技从业人员 B_2	0.550	0.417	0.159
	海洋科技机构经费 B_3	−0.344	0.687	−0.640
	海洋科技机构投资 B_4	−0.528	0.422	0.737
	贡献率	0.623	0.352	0.025
海洋创新驱动产出	海洋科技专利授权 C_1	0.505	−0.085	−0.768
	海洋科技论文发表 C_2	0.505	−0.375	−0.016
	海洋科技著作出版 C_3	0.487	0.850	0.178
	海洋科技项目课题 C_4	0.503	−0.361	0.615
	贡献率	0.955	0.032	0.010
海洋创新驱动环境	经济对外开放程度 D_1	−0.586	0.120	0.583
	海洋经济发展规模 D_2	0.620	0.033	−0.115
	科技创新重视程度 D_3	0.461	0.545	0.633
	海洋科技创新气氛 D_4	−0.244	0.829	−0.496
	贡献率	0.635	0.282	0.076

注：主成分得分结果由 Stata 15.1 软件计算得出。

通过主成分分析后得到对应系数，计算各指标的主成分得分 F。主成分得分 F 的计算公式为

$$F_1 = 主成分 1 系数 \times 对应指标值 \tag{10-3}$$

$$F_2 = 主成分 2 系数 \times 对应指标值 \tag{10-4}$$

$$F_3 = 主成分 3 系数 \times 对应指标值 \tag{10-5}$$

在主成分得分 F 的基础上，计算海洋创新驱动基础、海洋创新驱动投入、海洋创新驱动产出、海洋创新驱动环境的综合指数 Z，具体的计算公式为

$Z = 主成分 1 贡献率／（累计贡献率）$F_1$+主成分 2 贡献率／

5］（累计贡献率）$\times F_2$+主成分 3 贡献率／（累计贡献率）$\times F_3$

$$\tag{10-6}$$

2006—2019 年广东省海洋创新驱动力及其各系统得分的具体结果，见表 10-5。

表10-5 2006—2019年广东省海洋创新驱动力及其各系统得分

年份	海洋创新驱动基础	海洋创新驱动投入	海洋创新驱动产出	海洋创新驱动环境	海洋创新驱动力
2006	-2.426	-1.304	-1.991	-1.640	-1.840
2007	-0.589	-1.224	-1.724	-1.264	-1.200
2008	-0.457	-1.131	-1.934	-0.802	-1.081
2009	-0.063	-0.629	-1.585	-0.438	-0.679
2010	-0.090	-0.893	-1.450	-0.402	-0.709
2011	-0.227	-0.341	-1.317	-0.474	-0.590
2012	-0.158	-0.467	-0.491	-0.254	-0.343
2013	0.004	-0.337	-0.533	-0.288	-0.289
2014	-0.221	0.613	-0.506	-0.092	-0.051
2015	0.110	2.226	1.493	0.197	1.006
2016	0.377	1.271	2.123	0.306	1.019
2017	1.092	0.956	2.389	1.502	1.485
2018	1.512	0.783	2.592	1.715	1.650
2019	2.226	0.478	2.934	1.934	1.893

注：数据经本书公式计算后得出。

根据表10-5中各指标的综合得分，可以得出，2006—2019年广东省海洋创新驱动力及其各系统的变化情况。

从图10-1可以看出，海洋创新驱动基础评分在2007—2013年高于海洋创新驱动环境评分，说明该期间政府、企业在海洋创新驱动过程中扮演主导角色；2016年，海洋创新驱动基础、海洋创新驱动环境评分均有明显提高，说明整体经济宏观环境对海洋创新驱动的作用逐渐显现。

海洋创新驱动投入评分在2006—2015年明显增加，大于海洋创新驱动产出评分，而在2016—2019年海洋创新驱动投入评分持续下降，表明仅仅依靠人力、财力投入已经难以满足海洋创新驱动的发展要求。海洋创新驱动产出评分从2015年开始明显提升，并保持持续上升趋势，说明海洋创新成果得到进一步转化和应用。海洋创新驱动力评分在2006—2014年维持在较低水平，从2015年开始明显提升，并保持上升趋势，与海洋创新驱动产出评分变动趋势保持基本同步，这表明海洋创新驱动产出效益为提高海洋创新驱动力提供了有力支撑。

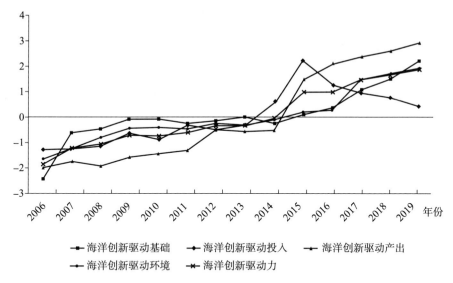

图 10-1　2006—2019 年广东省海洋创新驱动力及其各系统评分变化情况

10.4　结论与建议

10.4.1　结论

本章基于 PCA 主成分分析法，建立海洋创新驱动水平测度评价指标体系，测算 2006—2019 年广东省海洋创新驱动力指数，进一步分析广东省海洋创新驱动力及其各系统的变化情况，得出以下结论。

一是广东省海洋创新驱动基础较好地满足了海洋创新驱动提升的要求，政府、企业在海洋创新驱动过程中扮演主导角色，整体经济宏观环境对海洋创新驱动的作用逐渐显现。

二是广东省海洋创新驱动投入、产出水平仍需要进一步提高，要转变为依靠创新要素投入驱动海洋创新，提高海洋创新成果产出效益。

三是广东省海洋创新驱动力整体处于上升趋势，在未来一段时间内能够对广东省海洋经济发展提供较好的驱动作用。

10.4.2 建议

(1) 建立海洋科技核心城市主导下的区域协调机制

由于广东省内各地级市的自身优势、发展情况不同，因此在海洋科技水平上存在差异性。广州、深圳作为海洋科技核心城市，聚集了广东省先进的海洋科学技术、高端专业人才和大量资金，是区域内的海洋科技创新中心、服务中心和制造中心。

通过建立广州、深圳等海洋科技核心城市主导下的区域协调机制，以共建科技园区、科技产业合作等方式，加大海洋科技核心城市与非核心城市的科技要素流动和优化。海洋科技核心城市通过区域协调的方式，吸引和聚集更多的高新科技企业；非核心城市在海洋科技核心城市的带动下，促进产业的转型和升级，提高自身的科技水平。

(2) 搭建海洋科技人才的培养、引进和交流平台

海洋科技人才是海洋科技水平的重要保障，海洋科技水平的提高需要大批具有专业技能的高精尖人才。因此，广东省政府、涉海企业等必须高度重视海洋科技人才的队伍建设。

通过搭建海洋科技人才培养、引进和交流平台，吸引更多的海洋科技人才进驻，加强创新型海洋科技领军人才队伍建设，打造高科技人才培养和集聚基地。同时，要充分整合广东省现有的海洋科技教育力量，完善海洋科技与管理人才的培养、激励和使用机制，积极引进、培养海洋科技人才和海洋管理人才，支持广东海洋大学等地方高校结合自身特点和优势，发展海洋科技教育事业，为海洋科技水平的提高和发展提供智力支持。

(3) 加强产学研结合的海洋科技创新体系建设

加快建立"以企业为主体、市场为导向、产学研相结合"的海洋科技创新体系，支持企业与高校、科研院所建立多种模式的产学研合作创新机制，推动广东省内涉海企业与海洋科研机构建立产业技术创新战略联盟。

引进国际先进海洋科学技术，通过与国际科研机构、大型跨国公司合作，达到降低风险，减少成本的目的。引导企业制定知识产权发展战略，支持有条件的企业进行技术创新，促进产学研合作，鼓励企业与海洋科研院所、地方涉海高校进行合作，实现技术突破，推动现有企业运用高新技术对产业进行改造升级。同时，要及时对广东省内的企事业单位、个人研究开发的涉海应用技术成果进行评价，并将适用的海洋科技成果加以推广，加速海洋科技成果的转化，搭建企业与高校、科研院所长期合作的桥梁。

10.5 本章小结

本章研究广东省海洋经济高质量发展的动力传导机制，对相关驱动因子进行识别，构建广东省海洋经济高质量发展的创新驱动力模型，运用PCA主成分分析方法，测算 2006—2019 年广东省海洋创新驱动力及其各系统得分，发现广东省海洋创新驱动投入、产出水平整体处于上升趋势，但仍需要进一步提高，以期能够为广东省海洋经济发展提供强大的驱动力。

参 考 文 献

［1］刘大海，李晓璇，王春娟，等．国家海洋创新体系及评估指标研究［J］．海洋开发与管理，2015（11）：10-13.

［2］李彬，杨鸣，戴桂林，等．基于三阶段 DEA 模型的我国区域海洋科技创新效率分析［J］．海洋经济，2016（2）：47-53.

［3］房辉，原峰，熊涛，等．我国区域海洋科技创新与海洋经济发展协调度研究［J］．海洋经济，2019（3）：48-54.

［4］狄乾斌，高群．辽宁省海洋经济发展质量综合评价研究［J］．海洋开发与管理，2015（11）：74-78.

［5］HOTELLING H..Analysis of a complex of statistical variables into principal components［J］.Journal of educational psycholog，1993，24（6）：417.

［6］徐胜，司登奎，柳璐．海洋资源价值视阈下蓝色经济区软实力测评研究［J］．经济与管理评论，2013（4）：142-147.

［7］KAISER H.F..An index of factorial simplicity［J］.Psychometrika，1974，39（1）：31-36.

11 广东省海洋经济高质量发展的影响作用机制

11.1 广东省海洋经济高质量发展的影响因素划分

在 DPSIR 模型中，驱动力（D）以区域海洋经济发展作为驱动因素，造成海洋资源环境的变化和发展；压力（P）主要是指海洋经济活动对海洋资源和环境的压力；状态（S）指在海洋经济发展的压力下，海洋资源环境所处的状态水平；影响（I）则是指各种状态水平对海洋资源环境的反馈结果和影响程度；响应（R）是指为实现海洋资源环境的协调发展而采取的各种积极措施和对策。

图 11-1 反映了海洋经济高质量发展中的驱动力（D）—压力（P）—状态（S）—影响（I）—响应（R）的相互作用过程，实线代表传统的单向关系，而虚线代表双向互动关系。在海洋经济和海洋产业的发展驱动力作用下，海洋资源和海洋环境受到一定的压力，进而通过两者的状态表现出来，并间接对海洋经济和海洋产业造成影响，最终通过借助海洋环境和海洋科技的响应，提高海洋环境治理和海洋科技研发水平，改善海洋经济和海洋产业发展的驱动力因素。基于驱动力、压力、状态、影响、响应维度，有利于以系统观念，划分广东省海洋经济高质量发展影响因素。

11.2 广东省海洋经济高质量发展的驱动因素模型

本章通过构建海洋经济高质量发展的驱动因素模型，探索广东省海洋

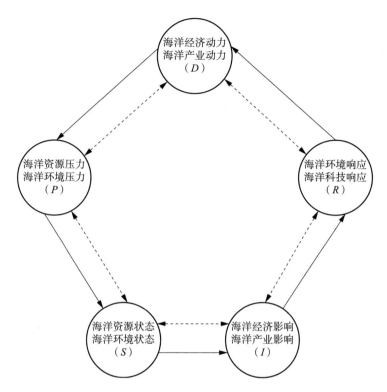

图 11-1 广东省海洋经济高质量发展影响因素 DPSIR 概念模型

科技创新、海洋全要素生产率和海洋经济发展之间的动态关系。根据广东省海洋经济高质量发展的投入产出机制，使用 DEA-Malmquist 指数方法来测算海洋全要素生产率；构建海洋经济高质量发展创新驱动评价模型，计算海洋经济创新驱动力指数；在参照王舒鸿、孙晓丽[1]研究成果的基础上，本章选取人均海洋经济生产总值来表示海洋经济发展水平。

PVAR 模型最早由 Hotlz-Eakin D 等[2]学者提出，经过 Binder[3]的不断完善和发展，逐渐成为一种成熟的研究分析方法。本章在已有研究的基础上，构建 PVAR 模型如下

$$\ln ST_{it} = \alpha_1 + \sum_{j=1}^{m} \alpha_{1j} ST_{it-j} + \sum_{j=1}^{m} \beta_{1j} TFP_{it-j} + \sum_{j=1}^{m} \lambda_{1j} PGDP_{it-j} + \varepsilon_{Tit}$$

$$(11-1)$$

$$\ln TFP_{it} = \alpha_2 + \sum_{j=1}^{m} \alpha_{2j} TFP_{it-j} + \sum_{j=1}^{m} \beta_{2j} ST_{it-j} + \sum_{j=1}^{m} \lambda_{2j} PGDP_{it-j} + \varepsilon_{Qit}$$

$$(11-2)$$

$$\ln PGDP_{it} = \alpha_3 + \sum_{j=1}^{m} \alpha_{3j} PGDP_{it-j} + \sum_{j=1}^{m} \beta_{3j} ST_{it-j} + \sum_{j=1}^{m} \lambda_{3j} TFP_{it-j} + \varepsilon_{Pit}$$

$$(11-3)$$

11.3　广东省海洋经济高质量发展的驱动效应分析

11.3.1　滞后阶数确定

在建立回归模型之前，需要对最优滞后阶数进行选择。本章采用 AIC、SC、HQIC 最小原则，选择最优滞后阶数[4]。表 11-1PVAR 模型滞后阶数检验结果显示，在 1 阶滞后时 SC 拥有最小值；在 2 阶滞后时，AIC 和 HQIC 拥有最小值。根据 AIC、SC、HQIC 最小化原则，本章将滞后阶数确定为 2。因此，PVAR 模型最优滞后阶数为 2 阶。

表 11-1　PVAR 模型滞后阶数检验结果

Lag	AIC	SC	HQIC
1	12. 881	13. 366 *	12. 701
2	12. 845 *	13. 693	12. 530 *

注：* 代表该检验方法对应的最优滞后阶数。

11.3.2　脉冲响应分析

由于 PVAR 模型是动态模型，各个变量之间的相互作用较为复杂，变量变动对其他变量的影响难以进行准确判定，因此为了说明各个变量间的动态关系情况，分析 PVAR 模型的脉冲响应函数。脉冲响应函数是指在控制其他变量不变的情况下，模型中某变量的冲击对系统中每一个变量的影响[5]。借助脉冲响应函数，可以直观地反映变量之间的动态关系[6]。本章进行 500 次蒙特卡罗模拟，中间曲线代表 IRF 点估计值，上下两侧曲线表示 95%置信区间边界，横轴代表响应滞后期数，纵轴代表响应正负和强弱程度[7]，如图 11-2 所示。

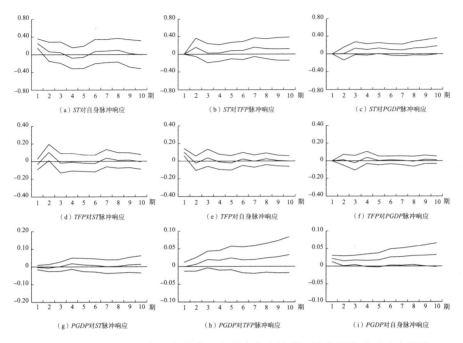

图 11-2　海洋科技创新、海洋全要素生产率和海洋经济发展的脉冲响应函数

对于海洋科技创新（ST）来说，当受到自身冲击时，当期达到最大值，随后影响有所下降，短暂出现负向影响，但随着滞后期数增加，保持低水平的正向影响；当受到海洋全要素生产率冲击时，海洋科技创新保持正向影响，在滞后第 3 期达到最小值，随后有所上升，表明随着海洋科技创新水平的提高，海洋全要素生产率促进效果持续增加；当受到海洋经济发展冲击时，海洋科技创新产生小幅度增长的正向影响，海洋经济发展促进效果持续稳定，表明海洋经济发展有利于提供海洋科技创新的经济基础条件，能够有效地保持海洋科技创新能力不断提高。

对于海洋全要素生产率（TFP）来说，当受到自身冲击时，正向影响的效果减弱，随着滞后期数增加，正向影响效果不显著；当受到海洋科技创新冲击时，海洋全要素生产率产生正向影响，随着滞后期数增加，系数在 0 值水平波动，表明海洋科技创新水平较低，对海洋全要素生产率促进效果有限；当受到海洋经济发展冲击时，海洋全要素生产率产生负向影响，并随着滞后期数增加，系数基本维持在 0 值水平，表明现有海洋经济发展方式限制海洋全要素生产率提高，而且限制作用随着时间推移依旧没有减弱。

对于海洋经济发展（$PGDP$）来说，当受到自身冲击时，海洋经济发展产生的正向影响较小，维持在稳定水平；当受到海洋科技创新冲击时，海洋经济发展产生正向影响，而且随着滞后期数的提高，这种正向影响能够持续，表明海洋科技创新能够长期促进海洋经济发展；当受到海洋全要素生产率冲击时，海洋经济发展产生的正向影响呈现出较大幅度增长趋势，表明通过提高海洋全要素生产率能够有效提高海洋经济发展水平。

11.3.3 方差分解

脉冲响应函数可以反映出变量之间的动态影响，方差分解是把变量的方差分解到各个扰动项上[8]。为了更加准确地分析海洋科技创新、海洋全要素生产率和海洋经济发展的关系，本章通过方差分解，把变量的方差分解到各个扰动项上，得到各变量每一次冲击对某一变量的贡献程度。

根据表 11-2 方差分解结果可以发现，从整体情况上看，海洋科技创新、海洋全要素生产率、海洋经济发展对其自身影响程度远大于其他变量，表明这 3 个变量存在自我增强机制。

表 11-2 方差分解结果

响应变量	脉冲变量	1	2	3	4	5	6	7	8	9	10
	ST	0.975	0.725	0.642	0.590	0.499	0.480	0.434	0.417	0.374	0.323
ST	TFP	0.000	0.257	0.220	0.199	0.210	0.227	0.304	0.317	0.330	0.333
	$PGDP$	0.025	0.018	0.138	0.211	0.291	0.293	0.262	0.266	0.296	0.344
	ST	0.107	0.525	0.499	0.470	0.470	0.468	0.491	0.481	0.482	0.481
TFP	TFP	0.892	0.474	0.483	0.457	0.458	0.457	0.438	0.447	0.442	0.439
	$PGDP$	0.001	0.001	0.018	0.073	0.072	0.075	0.071	0.072	0.076	0.080
	ST	0.000	0.017	0.022	0.189	0.184	0.170	0.141	0.118	0.120	0.123
$PGDP$	TFP	0.000	0.055	0.306	0.325	0.408	0.396	0.391	0.398	0.407	0.427
	$PGDP$	1.000	0.928	0.672	0.486	0.408	0.434	0.468	0.484	0.473	0.450

对于海洋科技创新而言，海洋全要素生产率和海洋经济发展对海洋科技创新的贡献程度整体差距较小，随着时间推移而稳定在一定水平，说明

海洋全要素生产率、海洋经济发展对海洋科技创新均能产生长期、稳定的促进作用；对于海洋全要素生产率而言，海洋科技创新和海洋经济发展对海洋全要素生产率的贡献程度整体上随着时间推移呈现增加趋势，与海洋经济发展相比，海洋科技创新贡献程度维持在较高水平，说明海洋科技创新对海洋全要素生产率的促进作用更显著、更有效；对于海洋经济发展而言，海洋科技创新贡献程度随着时间推移而呈现出下降趋势，海洋全要素生产率则呈现出上升趋势，从长期来说，海洋全要素生产率的提高对海洋经济发展的促进作用大于海洋科技创新。

11.4　结论与建议

11.4.1　结论

本章利用 2006—2019 年广东省海洋经济发展的相关面板数据，构建涵盖海洋科技创新、海洋全要素生产率和海洋经济发展变量的 PVAR 模型，根据脉冲响应函数结果和方差分解情况，得出以下结论。

一是广东省海洋科技创新和海洋全要素生产率存在自我增强机制，主要受到自身影响，但是这种自我增强机制在长期发展中的提升作用效果有限。二是广东省海洋科技创新与海洋全要素生产率存在双向促进关系，比较这种双向促进作用发现，海洋科技创新对海洋全要素生产率的促进作用更大。三是在海洋全要素生产率长期发展过程中，与海洋经济发展相比，海洋科技创新对海洋全要素生产率的促进作用更显著、更有效。四是广东省海洋经济发展的主要促进因素是海洋全要素生产率，海洋全要素生产率对于广东省海洋经济发展具有更显著的促进效果。

11.4.2　建议

（1）发挥自我增强机制的提升作用，提高海洋科技创新水平和海洋全要素生产率

当创新主体和行业达到一定规模时，就会产生一种正反馈，表现为一种自我增强机制。广东省海洋科技创新水平整体比较低，海洋全要素生产

率还有待提高，需要通过制度创新和要素流动，发挥自我增强机制的提升作用。一方面，建议广东省政府出台相应的创新政策，为海洋科技研发和成果转化提供政策支持，同时通过科技人才引进政策，为海洋科技人才提供优惠措施，打造海洋科技人才高地，形成海洋科技创新人才联盟，为不断完善自我增强机制提供政策创新环境；另一方面，通过搭建地方性海洋交流平台，加强要素流动，为涉海企业和海洋类高校的合作提供平台支撑，充分发挥产学研结合优势，使海洋要素流动更加便利，为自我增强机制发挥作用提供要素流动条件。

（2）以金融创新为突破口，提高海洋科技创新与海洋全要素生产率的相互促进效应

目前，广东省海洋科技创新和海洋全要素生产率之间的相互促进效应不明显，而且两者的相互促进作用有限，这是由不合理的资源配置所导致的。建议广东省以金融创新为突破口，进一步完善资源配置机制，调整和优化资源配置，实现金融创新、海洋科技创新和海洋全要素生产率有机融合，增强海洋科技创新与海洋全要素生产率的相互促进效应。金融作为资源配置手段之一，能够直接引导资本流动方向和流动规模，通过金融机构、产品创新，建立海洋科技创新金融专营机构、提供海洋科技金融特色产品，引导金融资源推动海洋科技研发，有利于为科技创新提供充足的金融支持；围绕海洋产业转型和升级，为海洋高科技创新型产业提供全方位的投融资服务，形成相应的投融资服务体系。

（3）以创新驱动经济发展，以全要素生产率提高经济质量，实现海洋经济高质量发展

以创新驱动经济发展，需要推动科技成果研发转化为制度创新，激发创新驱动经济发展的巨大潜力，制度创新是创新驱动经济发展的关键。广东省应该围绕科技成果研发，建立完备的制度体系，强化知识产权保护，加强研发转化各个环节的紧密联系，将研发成果实际运用到各类海洋生产活动中，发挥科技成果的实际经济、社会效益。以全要素生产率提高经济质量，需要提高全要素生产率对经济增长的贡献程度，全要素生产率贡献程度越高，则意味着发展质量越好。长期以来，广东省海洋经济发展对劳

动力、资本等生产要素投入的依赖程度较大，全要素生产率对经济发展贡献程度较低，因此虽然广东省海洋经济发展速度较快，但海洋经济发展质量水平还需要提高。在新时期，提高广东省海洋全要素生产率贡献程度意味着海洋经济增长必须转移到依靠海洋全要素生产率的提高上，通过减少劳动力、资本生产要素投入等方式，以技术进步作为推动海洋经济发展的主要方式和手段，提高海洋全要素生产率对海洋经济增长的贡献程度。

11.5　本章小结

本章研究广东省海洋经济高质量发展的影响作用机制，运用 DPSIR 模型对影响因素进行划分，构建海洋经济高质量发展的驱动因素模型，运用 PVAR 模型探索广东省海洋科技创新、海洋全要素生产率和海洋经济发展之间的动态关系。基于本章研究，提出调整广东省海洋科技创新、海洋全要素生产率和海洋经济发展动态关系的对策建议。

参 考 文 献

［1］王舒鸿，孙晓丽．海洋产业现代化、经济发展与生态保护［J］.中国海洋大学学报（社会科学版），2018（4）：15-26.

［2］HOLTZ D．，NEWEY W．，ROSEN H. S. Estimating vector autoregressions with panel data［J］. The econometric society，1988，56（6）：1371-1395.

［3］BINDER M. Estimation and inference in short panel vector autoregressions with unit roots and cointegration［D］. Cambridge：University of Cambridge，2004.

［4］赵磊，全华．中国国内旅游消费与经济增长关系的实证分析［J］.经济问题，2011（4）：32-38.

［5］段显明，许敏．基于 PVAR 模型的我国经济增长与环境污染关系实证分析［J］.中国人口·资源与环境，2012，22（2）：136-139.

［6］程骏超，贺义雄，沈刚，等．我国海洋信息化发展对策研究：基于对海洋经济发展影响的量化分析［J］.海洋开发与管理，2018，35

（9）：42-50.

[7] 宋宝琳，白士杰，郭媛. 经济增长、能源消耗与产业结构升级关系的实证分析 [J]. 统计与决策，2018，34（20）：142-144.

[8] 江心英，赵爽. 江苏省经济增长、产业结构与碳排放关系的实证研究：基于 VAR 模型和脉冲响应分析 [J]. 南京财经大学学报，2018（2）：16-24.

12 基于新发展理念的海洋经济高质量发展

12.1 新发展理念的时代背景

当前，我国经济已经从高速增长阶段进入到高质量发展阶段。在五大发展理念的引导下，我国经济发展围绕创新、协调、绿色、开放、共享 5 个方面积极推进，按照转变发展方式、优化经济结构、转换增长动力、区域协调发展等具体要求，加快实现我国经济高质量发展。

习近平总书记致 2019 年中国海洋经济博览会信中所提及的"海洋是高质量发展战略要地"重要论述，表明海洋领域是实现我国经济高质量发展的重要一环。进入 21 世纪以来，我国海洋经济发展取得了显著的成就。2001 年，我国海洋经济生产总值为 9518 亿元，而 2019 年达到 89415 亿元，年均增长超过 10%。然而，虽然近年来，我国海洋经济高速发展，经济规模不断提高，但是要实现海洋经济高质量发展仍然面临许多问题，包括资源协调不足、配套政策不完善、产能过剩、效益低下和环境污染等。海洋产业转型升级也对海洋经济发展的质量提出新的要求。

海洋经济高质量发展是化解新时代背景下海洋经济发展主要矛盾、实现海洋强国战略目标的必然要求。海洋经济高质量发展通过深刻总结经济发展规律、全面剖析发展中存在的问题，提炼一种新的发展理念与方式，旨在化解产能供给过剩、供需不平衡、发展不充分等海洋经济发展过程中面临的矛盾。海洋经济高质量发展涉及海洋资源开发、海洋环境保护、海洋权益维护、海洋文化建设、海洋科技创新等多个领域的内容。只有进一步推动海洋经济高质量发展，才能使我国海洋经济保持健康可持续发展。

12.2 新发展理念的研究动态

近些年，有关新发展理念的研究有很多，主要包括运用新发展理念进行评价指标体系构建、基于新发展理念的现实路径实施等内容，但多为政策等理论方面的研究，对新发展理念的定量分析相对较少。

在理论研究方面，张文亮（2018）认为以新发展理念推动海洋经济高质量发展，其中最为重要的是"创新"发展理念，最核心的是"协调"发展理念，最关键的是"绿色"发展理念，最突出的是"开放"发展理念，最根本的是"共享"发展理念[1]；郭冠清（2021）以"生产力—生产方式—生产关系"为逻辑主线，揭示经济发展理念产生的历史逻辑，论证新发展理念生成的现实逻辑，探索新发展格局的路径选择[2]。

在定量分析方面，詹新宇、崔培培（2016）从"五大发展理念"的角度分析了中国省际经济增长的测度与评价，得出中国大部分省份的经济增长质量水平有较大提高的结论[3]；杜洪策、路鑫、邱昭睿（2017）构建了滨海新区基于五大理念下的统计评价指标体系，并采用层次分析法对其赋予权重，测算了滨海新区五大理念的实现程度[4]；敬林（2017）采用主成分分析法和功效系数法对我国省际五大发展理念的综合水平进行测度，指出了沿海省份的五大发展理念综合水平相比于内陆省份有着明显优势[5]。

综上所述，国内学者从理论研究和定量分析层面对新发展理念进行深入研究，取得了一定的研究成果。然而，在新发展理念的定量分析研究中，学者大多是针对地区发展水平，通过建立评价指标体系进行研究的。因此，为了更精准、更科学地反映各地区基于新发展理念的经济发展水平情况，需要从指标选择标准、评价水平维度、实际运用场景等方面进一步深入研究。

12.3 基于新发展理念的海洋经济高质量发展环境

12.3.1 创新环境

创新是海洋经济高质量发展的关键，传统海洋经济发展方式已经难以适应现代海洋产业转型进步的新要求。为了降低产业生产成本，迫切需要以创新驱动海洋经济高质量发展，提高海洋经济生产效率和资源利用水平[6]。创新可以通过投入和产出两个方面来体现，其中，创新投入是反映创新能力的基础性指标，包括人力、财力的投入；创新产出主要体现出现实创新成果，涵盖专利、著作等方面。因而，海洋经济高质量发展的创新环境，如图 12-1 所示。

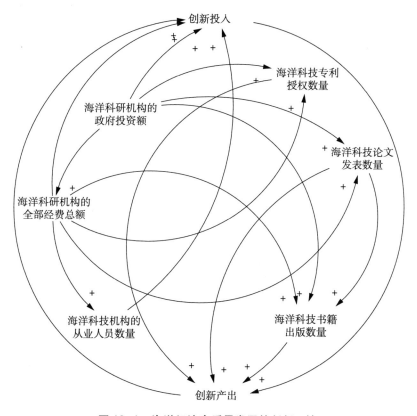

图 12-1　海洋经济高质量发展的创新环境

从海洋经济高质量发展的创新环境来看，海洋经济高质量发展中的海洋创新投入产出比十分重要，海洋创新发展不仅包含人员和经费投入，而且涉及创新研发、成果转化过程。具体而言，海洋科技成果转化是海洋经济创新发展的重要目的，因而海洋经济创新一方面应加大创新投入力度，提供更多的科研经费支持；另一方面要营造良好的科技创新环境，提高成果转化便利度。通过充分运用产学研体系，引导政府、企业、科研机构交流合作，从而有效提高海洋创新成果转化率。

12.3.2 协调环境

协调是海洋经济高质量发展的保障，随着海洋经济的高速发展，粗放的经济发展方式，导致海洋经济发展不协调等问题的出现。随着城市化进程的不断加快，海陆一体化有序推进，海洋经济发展方式从单一发展转向多元协调发展[7]。在五大发展理念下，海洋经济协调主要涉及陆海经济、海洋产业结构、区域经济各方面相协调的发展。通过海洋经济协调发展，促使海洋经济结构、产业空间布局与分工、生产要素配置更加合理。因而，海洋经济高质量发展的协调环境，如图12-2所示。

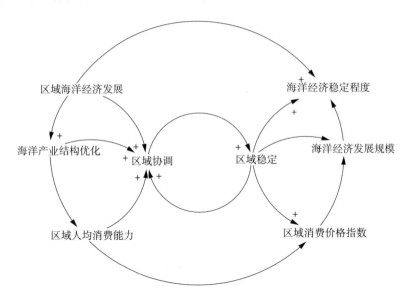

图 12-2　海洋经济高质量发展的协调环境

从海洋经济高质量发展的协调环境来看，一方面，我国海洋产业结构不断转型深化，促进了海洋产业的集聚与融合；另一方面，区域经济规模对区域海洋经济存在明显影响，沿海港口、自由贸易区等涉海项目建设带动了当地社会经济发展，提高了海洋经济增速，从而有效提升了区域海洋经济融合发展水平。海洋经济协调不仅涉及海洋产业结构、海洋经济增速，而且与当地的经济发展水平、人均消费能力等也有一定联系，因而，海洋经济协调要在保持区域稳定的前提下，实现区域协调发展。

12.3.3　绿色环境

绿色是海洋高质量发展的前提，在海洋经济高质量发展中，坚持绿色发展是实现人海和谐的必由之路，海洋生态文明建设是实现海洋经济高质量发展的重要内容之一。过去几十年，海洋经济高速发展对海洋生态环境带来的严重破坏远远超过其自我修复能力[8]。绿色发展主要从资源存量、环境保护两方面来衡量，贯穿海洋资源开发利用、海洋环境保护治理等各个环节。因而，海洋经济高质量发展的绿色环境，如图 12-3 所示。

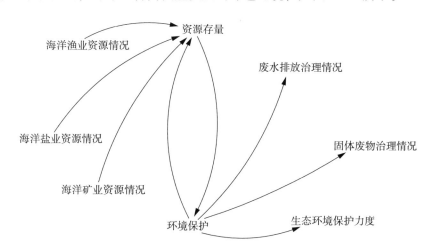

图 12-3　海洋经济高质量发展的绿色环境

从海洋经济高质量发展的绿色环境来看，合理的海洋资源开发利用，提高资源利用效率，在现有海洋资源存量的基础上，能够发挥更大的经济、社会效益；有效的海洋环境治理保护，加大环境治理力度，能够改善海洋生态环境。海洋资源与海洋环境的相互作用，在维护现有海洋渔业、盐业、矿业等资源的基础上，推进"蓝色海湾""生态海岸带"等海洋环境治理项目的实施，从而提高海洋资源环境承载力，促进海洋经济绿色发展。

12.3.4　开放环境

开放是海洋经济高质量发展的重要推动力，能够衡量沿海地区海洋经济对国际市场的依赖程度[9]。沿海港口贸易、海上交通运输等是海洋对外活动的重要方面,我国应借助海上贸易,与其他国家和地区进行经济交流与合作;外商资本是海洋经济活动的重要资金,外商企业作为我国海洋事业的主要参与者之一,对我国海洋经济发展产生影响。开放发展主要从对外开放和外商投资两个方面来综合反映,既能够衡量海洋活动的对外开放,也能够体现出海洋资本领域的开放程度。因而,海洋经济高质量发展的开放环境,如图 12-4 所示。

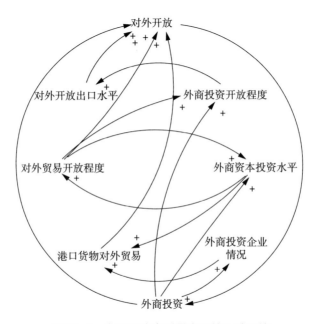

图 12-4　海洋经济高质量发展的开放环境

从海洋经济高质量发展的开放环境来看,通过"21 世纪海上丝绸之路""海洋博览会"等海洋经济合作平台,我国海洋经济开放程度日益提高;海洋经济高质量发展对国内、国际市场的资源、技术开放提出更高的要求;借助沿海港口贸易、外商投资等,加强海洋经济国内、国际合作,推动海洋经济的内外联动。

12.3.5　共享环境

共享是海洋经济高质量发展的目标,是实现海洋经济高质量发展的重要评价。共享发展主要通过公共服务和社会进步两方面来反映[10],公共服务是经济发展对人民生活水平的保障，而社会进步是经济发展对人民生活质量的提升，它们是衡量共享发展的两个重要维度。因而，海洋经济高质量发展的共享环境，如图 12-5 所示。

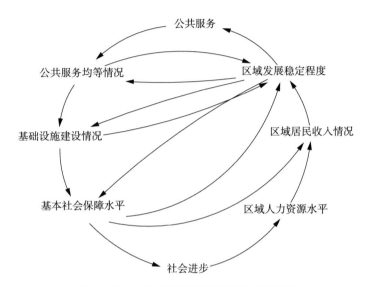

图 12-5　海洋经济高质量发展的共享环境

从海洋经济高质量发展的共享环境来看，在新发展理念的影响下，海洋经济发展更加强调人民共享经济发展成果。当前，沿海地区的公共服务均等、基础设施建设、基本社会保障与海洋经济发展息息相关；沿海地区的发展稳定、居民收入提高、人力资源丰富是海洋经济高质量发展和提高人民生活质量的迫切需求。海洋经济高质量发展的目的是保障公共服务，推动社会进步，让海洋经济事业、海洋经济活动的参与者共享发展成果。

12.4　新发展理念下广东省海洋经济高质量发展的主要任务

以新发展理念引领广东省海洋经济实现跨越发展、高质量发展，是广东省贯彻国家落实海洋强国战略的发展需要，是广东省推进"海洋强省"建设的实际需要，亦是化解广东省海洋经济发展不平衡不充分矛盾的现实要求，广东省要将新发展理念贯穿海洋经济发展全过程，推动广东省海洋经济发展实现新的跨越，为广东省海洋经济高质量发展做出应有的贡献。

12.4.1 创新是推动广东省海洋经济高质量发展的第一动力

广东省是国家创新驱动战略的先行者，区域创新能力连续 5 年位居全国第一。面向"十四五"规划和 2035 年远景目标，实现"四个走在全国前列"、当好"两个重要窗口"，加快建设"海洋强省"，广东省应充分发挥创新驱动效应，推动广东省海洋经济高质量发展。

强化海洋意识，把人海和谐思想纳入广东省海洋经济高质量发展的顶层设计；强化体制机制创新，构建广东省海洋经济高质量发展的长效机制；充分挖掘广东省海洋经济发展的内生动力，推动新旧动能转换，坚持科技创新引领，开展关键技术攻关；大力发展海洋战略性新兴产业，注重发展海洋高新技术产业，改造提升海洋传统产业；科学合理地开发利用海洋资源，从浅海走向深海，从单项开发转变为立体开发，拓宽海洋资源开发利用领域。通过切实提高海洋科技对海洋经济发展的贡献率，充分发挥创新对广东省海洋经济高质量发展的支撑和引领作用，加快构筑质效兼顾的"蓝色粮仓"。

12.4.2 协调是加速广东省海洋经济高质量发展的内在要求

广东省"十四五"规划中设立"海洋专章"，要求继续推进"海洋强省"建设。广东省海洋经济的发展与海洋资源环境的利用联系密切，为实现广东省海洋经济由粗放的数量增长型向注重效益的质量提高型过渡，应继续促进广东省海洋经济协调发展。

科学配置海洋资源，协调海洋生态系统与海洋资源的可持续性，大力推进海洋领域供给侧结构性改革；协调好沿海各区域间海洋产业布局，避免区域间重复建设，实现广东省内各沿海城市、海洋经济区协调发展；坚持陆海统筹，深度融合陆域空间与海洋属性，以重要港口为支撑，推进临海港口建设；优化海洋产业结构，大力发展海洋现代服务业，尤其是海洋金融、海洋文化、海洋信息等高端服务业，促进海洋产业相互融合，形成海洋经济全方位发展态势；积极推进广东省"一核一带一区"战略建设，借助粤港澳大湾区战略，协同构建广东省海洋经济发展的新格局。

12.4.3 绿色是保障广东省海洋经济高质量发展的必要条件

广东省在经济规模扩大、经济高速增长的同时，一些海洋环境问题也开始逐渐凸显。绿色是保障广东省海洋经济高质量发展的必要条件，推进海洋生态文明建设，为广东省实现"全面建设海洋强省"战略目标提供重要经济实力支撑和生态环境保障。

通过培育现代化的海洋产业、推动建设海岸带综合示范区、建设标准管理示范渔港等措施加快促进广东省海洋经济发展；通过设立海洋生态红线、加强海洋主题功能规划、提高海岸带综合保护与利用等措施，推进广东省海洋生态环境的立体保护，构建广东省海洋生态环境保护制度体系；加强广东省近岸海域综合治理，严格实施陆源入海污染物排放总量控制制度；推进海洋产业生态化、海洋生态产业化等发展模式，增强广东省海洋经济可持续发展能力；将海洋生态文明建设纳入海洋开发布局，坚持开发与保护并重、污染防治和生态修复并举的原则，为广东省各项海洋活动和事业指明发展方向。

12.4.4 开放是实现广东省海洋经济高质量发展的必然选择

海洋经济是开放型经济，广东省是中国改革开放的先锋队和排头兵，开放是实现广东省海洋经济高质量发展的必然选择。广东省海洋经济与产业发展在改革开放 40 多年来取得了举世瞩目的成就，具备"走在全国前列"的良好经济基础，正在迎来"走在全国前列"的新机遇。

统筹国际、国内两个市场，积极参与全球经济合作，主动融入"一带一路"建设，发挥"21 世纪海上丝绸之路"的支点作用，为实现世界互联互通提供充足保障和支持；积极推进粤港澳大湾区建设，主动对接港澳地区，提供广阔的腹地支撑；加强与东南亚国家的交流合作，积极参与国际海洋产业分工；发挥广州港、深圳港的优势，扩大临海港口辐射范围，延伸海上贸易运输产业链，与广东省其他港口相互协同配合；把握深圳市建设中国特色社会主义先行示范区的机遇，全方位拓展广东省海洋经济发展新空间，进一步提高广东省海洋经济对外开放水平。

12.4.5 共享是提升广东省海洋经济高质量发展的本质要求

广东省通过加快海洋经济转型和海洋产业升级，建设广东省沿海经济带，为地区经济发展提供新动力，缩小广东省内沿海城市的区域经济发展差距，促使广东省向着高效、平等、和谐的方向发展，由人民共享广东省海洋经济发展成果，实现海洋经济共享型增长。

坚持以人民为中心，秉持服务人民的理念，让广东省海洋经济发展产生的经济、生态、社会效益成为提高人民生活水平的重要动力，提升人民群众幸福感指数；把海洋环境污染治理好、把海洋生态环境建设好，提供广东省海洋环境保护基本公共服务，打造生态宜居的广东沿海经济带，让人民享受到美丽的海洋环境；推动海洋文化产业和文化事业发展，打造涵盖滨海休闲旅游在内的海洋文化服务体系，促进海洋文化、滨海旅游资源共享；加大海洋教育投入力度，发展海洋基础学科教育，提高人民的海洋意识、海洋观念，让海洋经济高质量发展的理念深入人心。

12.5　本章小结

本章基于海洋经济高质量发展的内涵，通过分析海洋经济高质量发展的有关特征发现，基于新发展理念，研究海洋经济高质量发展，不仅有利于为优化广东省海洋经济高质量发展演化动力因素配置提供理论基础，还能够加强对广东省各项海洋经济事业和活动的实践指导，进而深入探索我国海洋经济高质量发展的未来方向。

参 考 文 献

［1］张文亮．浅议海洋在新时代自然资源管理体制中的前景［A］．中国海洋学会、中国太平洋学会：中国海洋学会，2018：7．

［2］郭冠清．新发展理念生成逻辑及其对新发展格局的引领作用研究［J］．河北经贸大学学报，2021，42（4）：19-25．

［3］詹新宇，崔培培．中国省际经济增长质量的测度与评价——基于"五大发展理念"的实证分析［J］．财政研究，2016（8）：40-53+39．

［4］杜洪策，路鑫，邱昭睿．滨海新区五大发展理念统计评价指标体系研究［J］．天津经济，2017（3）：8-15．

12　基于新发展理念的海洋经济高质量发展

［5］敬林. 中国五大发展理念对地区发展水平效应研究［D］. 昆明: 云南财经大学, 2017.

［6］纪玉俊, 宋金泽. 我国海洋产业集聚的区域生产率效应［J］. 中国渔业经济, 2018, 36 (3): 70-78.

［7］王敏. 海陆一体化格局下我国海洋经济与环境协调发展研究［J］. 生态经济, 2017, 33 (10): 48-52.

［8］李晓璇, 刘大海, 刘芳明. 海洋生态补偿概念内涵研究与制度设计［J］. 海洋环境科学, 2016, 35 (6): 948-953.

［9］李博, 庞淑予, 田闯, 等. 中国海洋经济高质量发展的类型识别及动力机制［J］. 海洋经济, 2021, 11 (1): 30-42.

［10］赵满华. 共享发展的科学内涵及实现机制研究［J］. 经济问题, 2016 (3): 7-13+66.

13 广东省海洋经济高质量发展的系统演化

13.1 海洋资源环境经济复合系统构建

13.1.1 海洋资源环境经济复合系统

　　海洋经济发展会给海洋资源和海洋环境带来影响，海洋资源和海洋环境也会在一定程度上对海洋经济发展产生作用。图 13-1 为海洋资源环境经济复合系统概念模型，从相互作用、相互制约的关系来说，海洋经济活动对海洋资源、环境的负面影响是复合系统的压力；海洋资源、环境为海洋经济发展提供的支持是复合系统的承压；而海洋资源和海洋环境的自身恢复、海洋经济的正向促进作用是复合系统的弹力。在"压力—承压—弹力"综合作用下，复合系统不断进行自我调整，保持系统稳定性。

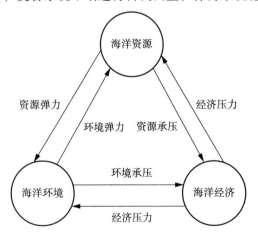

图 13-1　海洋资源环境经济复合系统

深入研究海洋资源环境经济复合系统，一方面可以探索海洋资源、环境和经济的相互作用、相互制约关系，进而调控其协调发展模式，对于影响系统稳定性的干扰因素，采取合理、科学措施，提高整体协调水平，实现海洋资源、环境和经济可持续发展；另一方面借助海洋资源环境经济复合系统能够反映海洋资源、环境和经济演化规律，从而进行拟合分析和趋势预测。在此基础上，通过对复合系统的结构进行调整和优化，转变传统单一的发展方式，实现海洋资源、环境和经济高质量发展。

13.1.2 评价指标的选取

在总结苟露峰[1]、鲁亚运[2]、赵玉杰[3]等学者现有研究成果的基础上，结合经济的实际情况和发展阶段，遵循客观性、可行性和可比性的原则[4]，构建海洋资源环境经济复合系统发展评价指标体系，见表13-1。

表 13-1 海洋资源环境经济复合系统发展评价指标体系

系统层	准则层	指标层	单位	正、逆向
海洋资源环境经济复合系统（A_1）	海洋资源（B_1）	人均海域面积（C_1）	$m^2 \cdot 人^{-1}$	正
		人均海洋捕捞量（C_2）	$t \cdot 人^{-1}$	正
		人均海水养殖面积（C_3）	$m^2 \cdot 人^{-1}$	正
		人均沿海湿地面积（C_4）	$m^2 \cdot 人^{-1}$	正
		人均海洋渔业资源（C_5）	$t \cdot 人^{-1}$	正
		人均海洋盐业资源（C_6）	$t \cdot 人^{-1}$	正
		人均海洋矿业资源（C_7）	$t \cdot 人^{-1}$	正
		港口码头长度（C_8）	m	正
		港口泊位个数（C_9）	个	正
		涉海就业人员（C_{10}）	人	正
	海洋环境（B_2）	万元海洋生产总值工业废水排放量（C_{11}）	t	负
		万元海洋生产总值工业固体废物排放量（C_{12}）	t	负
		治理废水当年竣工项目（C_{13}）	个	正
		治理固体废物当年竣工项目（C_{14}）	个	正
		自然保护区个数（C_{15}）	个	正
		自然保护区总面积（C_{16}）	km^2	正
		近岸海域功能区水质达标率（C_{17}）	%	正
		近岸海域一二类海水比例（C_{18}）	%	正

系统层	准则层	指标层	单位	正、逆向
海洋资源环境经济复合系统（A_1）	海洋环境（B_2）	海洋工业废水排放达标率（C_{19}）	%	正
		海洋工业固体废物综合利用率（C_{20}）	%	正
	海洋经济（B_3）	人均海洋生产总值（C_{21}）	元·人$^{-1}$	正
		人均海洋产业产值（C_{22}）	元·人$^{-1}$	正
		海洋生产总值增长率（C_{23}）	%	正
		海洋产业产值增长率（C_{24}）	%	正
		海洋生产总值占地区生产总值比重（C_{25}）	%	正
		海洋第三产业产值占海洋生产总值比重（C_{26}）	%	正
		地区沿海港口货物吞吐量（C_{27}）	10^4t	正
		地区沿海港口旅客吞吐量（C_{28}）	10^4人次	正
		地区沿海港口集装箱吞吐量（C_{29}）	10^4标准箱	正
		地区沿海城市国际旅游收入（C_{30}）	万美元	正

在海洋资源方面，不仅包括自然资源，而且包括人为资源。选取人均海域面积、人均海洋捕捞量、人均海水养殖面积、人均沿海湿地面积、人均海洋渔业资源、人均海洋盐业资源和人均海洋矿业资源，反映海洋自然资源情况；选取港口码头长度、港口泊位个数和涉海就业人员指标，反映海洋人为资源情况。

在海洋环境方面，从环境污染、治理、保护和监测角度，综合反映海洋环境情况。具体而言，在环境污染上，根据污染种类分为固体污染和水污染，所以选取万元海洋生产总值工业废水排放量、万元海洋生产总值工业固体废物排放量等指标；在环境治理上，针对不同的污染以项目的形式推进污染的治理，因此选取治理固体废物当年竣工项目、治理废水当年竣工项目等指标；在环境保护上，自然保护区作为环境保护的直接表现形式，能够反映环境保护的效果，因此选取自然保护区总面积、自然保护区个数等指标；在环境监测上，水质达标率是海洋环境重要监测指标之一，因此选取近岸海域功能区水质达标率、近岸海域一二类海水比例、海洋工业废水排放达标率和海洋工业固体废物综合利用率等作为评价指标。

在海洋经济方面，选取能够反映海洋经济规模情况的相关指标，包括人均海洋生产总值、人均海洋产业产值；选取能够反映海洋经济变化情况的相关指标，包括海洋生产总值增长率、海洋产业产值增长率；选取能够反映海洋经济结构情况的相关指标，包括海洋生产总值占地区生产总值比重、海洋第三产业产值占海洋生产总值比重；选取能够反映海洋经济开放情况的相关指标，包括地区沿海港口货物吞吐量、地区沿海港口旅客吞吐量、地区沿海港口集装箱吞吐量和地区沿海城市国际旅游收入。

13.1.3　数据的来源

本章以 2006—2019 年为研究时段，以广东省为研究对象，建立海洋资源环境经济复合系统。相关数据主要来源于《中国统计年鉴》《中国海洋统计年鉴》和广东省的地方统计年鉴、海洋环境状况公报等。个别数据经过相应的公式运算后得出。

13.2　基于熵权 TOPSIS 的海洋资源环境经济复合系统发展指数测算

13.2.1　基于熵权法的指标权重确定

熵权法按照各个指标之间数值离散程度，计算对应权重，从而进行客观赋权[5]。本章所选指标均为各沿海省份海洋领域重要指标，通过运用熵权法可以在实现客观评价的同时，避免重要信息遗漏。因此，本章基于熵权法来确定海洋资源环境经济复合系统评价指标体系中不同评价指标的权重。

（1）标准化矩阵构建

X_{ij} 表示第 i 项指标的第 j 年的初始值，$i=1$，2，3，$\cdots$，n，n 表示评价指标数；$j=1$，2，3，$\cdots$，m，m 表示评价年份数。

$$X=\begin{bmatrix} X_{11} & X_{12} & \cdots & X_{1m} \\ X_{21} & X_{22} & \cdots & X_{2m} \\ \vdots & \vdots & \cdots & \vdots \\ \vdots & \vdots & \cdots & \vdots \\ X_{n1} & X_{n2} & \cdots & X_{nm} \end{bmatrix} \tag{13-1}$$

各个被选取指标有不同量纲，难以简单比较，需要分为正向、逆向指标[6]；然后，再运用极值变化法进行标准化处理。具体公式如下。

$$正向指标：X_{ij}' = X_{ij} - X_{i\min} / X_{i\max} - X_{i\min} \tag{13-2}$$

$$负向指标：X_{ij}' = X_{i\max} - X_{ij} / X_{i\max} - X_{i\min} \tag{13-3}$$

其中，$X_{i\max}$ 表示第 i 个指标中所有年份的最大值；$X_{i\min}$ 表示在第 i 个指标中所有年份的最小值；X_{ij}' 表示 X_{ij} 经过标准化处理得到的数据。同时，由于标准化处理后的 X_{ij}' 可能为零，而对数的底数应为非负数，因此标准化结果需要进一步处理。

$$R_{ij} = X_{ij}' + 0.01 \tag{13-4}$$

根据标准化的结果，构建标准化矩阵 R

$$R = \begin{bmatrix} R_{11} & R_{12} & \cdots & R_{1m} \\ R_{21} & R_{22} & \cdots & R_{2m} \\ \vdots & \vdots & \cdots & \vdots \\ \vdots & \vdots & \cdots & \vdots \\ R_{n1} & R_{n2} & \cdots & R_{nm} \end{bmatrix} \tag{13-5}$$

（2）熵权法赋权

计算第 i 项指标在第 j 年的样本值比重

$$p_{ij} = \frac{R_{ij}}{\sum\limits_{j=1}^{m} R_{ij}} \tag{13-6}$$

计算第 i 项指标的熵权 e_i：m 是年数，n 是指标总数。

$$e_i = -k \sum\limits_{j=1}^{m} p_{ij} \ln p_{ij} \tag{13-7}$$

其中，$e_i > 0$，$k > 0$，假设 R_{ij} 全部相等，令 $k = \frac{1}{\ln m}$，则此时的 e_i 为极大值。

$$e_i = -\frac{1}{\ln m} \sum\limits_{j=1}^{m} p_{ij} \ln p_{ij} \tag{13-8}$$

计算信息权重 w_i

$$w_i = \frac{1 - e_i}{\sum\limits_{i=1}^{n} 1 - e_i} \tag{13-9}$$

（3）多层次评价系统的评价

由于熵具有可加性特征，因此通过计算下层结构指标信息效用值，得出上层结构权重。用 $H_k(k=1，2，3，\cdots，k)$ 表示指标效用值，用 H 表示全部指标效用值总和。

$$H = \sum_{k=1}^{n} H_k \qquad (13-10)$$

则相应类指数的权重为

$$w = H_k / H \qquad (13-11)$$

（4）基于熵权的评价矩阵构建

$$Z = \begin{bmatrix} z_{11} & z_{12} & \cdots & z_{1m} \\ z_{21} & z_{22} & \cdots & z_{2m} \\ \vdots & \vdots & \cdots & \vdots \\ \vdots & \vdots & \cdots & \vdots \\ z_{n1} & z_{n2} & \cdots & z_{nm} \end{bmatrix} = \begin{bmatrix} R_{11} \cdot w_1 & R_{12} \cdot w_1 & \cdots & R_{1m} \cdot w_1 \\ R_{21} \cdot w_2 & R_{22} \cdot w_2 & \cdots & R_{2m} \cdot w_2 \\ \vdots & \vdots & \cdots & \vdots \\ \vdots & \vdots & \cdots & \vdots \\ R_{n1} \cdot w_n & R_{n2} \cdot w_n & \cdots & R_{nm} \cdot w_n \end{bmatrix}$$

$$(13-12)$$

经过熵权法客观赋权后，反映出各个评价指标的重要程度[7]，得到不同指标权重下的海洋资源环境经济复合系统评价矩阵。

13.2.2　基于 TOPSIS 法的系统评价

TOPSIS 模型适用于对多项指标、多个方案进行选择[8]。通过运用 TOPSIS 模型，能够得到较为客观的评价。

（1）正、负理想解确定

z_i^+ 是第 i 个指标在 j 年期间的最大值，将 z_i^+ 设定为正最理想解；z_i^- 是第 i 个指标在 j 年期间的最小值，将 z_i^- 设定为负最理想解，对应具体公式为

$$z^+ = \left\{ \max_{1 \leqslant i \leqslant n} z_{ij} \mid i=1，2，\cdots，n \right\} = \{ z_1^+，z_2^+，\cdots，z_n^+ \} \quad (13-13)$$

$$z^- = \left\{ \min_{1 \leqslant i \leqslant n} z_{ij} \mid i=1，2，\cdots，n \right\} = \{ z_1^-，z_2^-，\cdots，z_n^- \} \quad (13-14)$$

（2）TOPSIS 确定指标到正、负理想值之间的距离

采用欧式计算法，确定指标到正、负理想值的距离，令 D_j^+ 为第 i 个指标与 z_i^+ 的距离，令 D_j^- 为第 i 个指标与 z_i^- 的距离，计算公式如下。

到正理想解之间的距离

$$D_j^+ = \sqrt{\sum_{i=1}^{n} (z_i^+ - z_{ij})^2} \qquad (13-15)$$

到负理想解之间的距离

$$D_j^- = \sqrt{\sum_{i=1}^{n} (z_i^- - z_{ij})^2} \qquad (13-16)$$

（3）计算综合评价指数

M_j 代表第 j 年综合评价指数，取值区间：（0，1]。指数数值越接近 1 表示综合评价的得分越高，而越接近 0 则表示综合评价得分越低。评价指数的计算公式如下。

$$M_j = \frac{D_j^-}{D_j^+ + D_j^-} \qquad (13-17)$$

13.2.3 海洋资源环境经济复合系统综合指数测算

由于各个系统的综合指数对等，可以进一步计算出海洋资源环境经济复合系统综合指数，具体情况见表 13-2。

表 13-2 2006—2019 年海洋资源环境经济复合系统及其子系统综合指数

年份	海洋资源子系统	海洋环境子系统	海洋经济子系统	海洋资源环境经济复合系统
2006	0.4098	0.5180	0.4832	0.4703
2007	0.4955	0.5470	0.5427	0.5284
2008	0.4975	0.6474	0.5797	0.5749
2009	0.5244	0.6954	0.5807	0.6001
2010	0.5641	0.6346	0.5919	0.5969
2011	0.6001	0.6011	0.5903	0.5972
2012	0.6953	0.6073	0.5923	0.6316
2013	0.6891	0.6198	0.5930	0.6340
2014	0.6175	0.6051	0.6241	0.6156
2015	0.6617	0.6354	0.5604	0.6192
2016	0.6539	0.6777	0.6256	0.6524
2017	0.6868	0.6055	0.6485	0.6469
2018	0.7229	0.6415	0.6721	0.6788
2019	0.7338	0.6822	0.6905	0.7022

从上述海洋资源环境经济复合系统及其子系统综合指数的变化情况可知，2006—2019 年，广东省海洋资源、经济子系统综合指数总体水平较高，呈现明显上升趋势，这表明由于广东省各项海洋活动、事业快速推进，海洋资源、经济发展取得显著成效。相比之下，海洋环境子系统综合指数总体水平较低，而且存在波动情况，这表明广东省海洋环境污染问题较为严重，海洋生态调节功能弱化。因此，在 3 个子系统相互作用下，广东省海洋资源环境经济复合系统综合指数不高，状态较为稳定，仍有一定的提升空间。

13.3　海洋资源环境经济复合系统演化实证研究

13.3.1　海洋资源环境经济复合系统的 Logistic 模型

Logistic 模型作为一种重要分析工具，能够描述一般系统发展演化过程[9]。依据 PF Verhulst[10] 所构建的 Logistic 增长模型，参照陈海波、李雨婧、陈芳[11]、周凌云、周君[12]，周韬[13] 等的研究成果，海洋资源环境经济复合系统演化路径数学模型为

$$\begin{cases} \dfrac{\mathrm{d}X}{\mathrm{d}t} = kX \times \left(1 - \dfrac{X}{N}\right) \\ X_{(0)} = X_0 \end{cases} \tag{13-18}$$

其中，$\mathrm{d}X/\mathrm{d}t$ 表示海洋资源环境经济复合系统在 t 时刻下的发展速度；k 表示为复合系统内在增长率，与内部耦合度具有关联性；N 为海洋资源经济复合系统最大承载值，与地区海洋经济、资源水平存在一定关系；每个个体平均所占有资源量为 $1/N$，X/N 为消耗总资源；（$1-X/N$）为剩余资源，代表 Logistic 系数；X_0 为初始时刻系统总量。

对其系数分析可知：若海洋资源环境经济复合系统总量趋近于 0，则 [$1-X/N$] 就接近 1，表明复合系统中资源尚未被利用，系统演化趋势呈指数增长；若复合系统总量 X 趋近于 N，则 [$1-X/N$] 就接近 0，表明复合系统中资源被充分利用，此时复合系统演化趋势呈饱和状态；当复合系统总量由 0 逐渐上升到 N 时，[$1-X/N$] 由 1 逐渐下降到 0，表明剩余资源逐

渐变小。

对公式（13-18）进行求解，可得

$$X = \frac{N}{1 + C \times \exp(-kNt)} \qquad (13-19)$$

其中，C 为常数，数值随系统演化阶段的变化而变化。

设 $X(0) = \alpha$ 为初始状态，其中 $0 < \alpha < M$，则

$$X = \frac{N}{1 + \dfrac{N}{\alpha - 1} \exp(-kNt)} \qquad (13-20)$$

公式（13-18）表示海洋资源环境经济复合系统在任一时刻的增长速度，可称为复合系统成长速度方程。公式（13-19）表示海洋资源环境经济复合系统演化动态变化轨迹，是复合系统状态演化方程。

对公式（13-18）求导，可得

$$\frac{d^2 X}{dt^2} = k^2 X \left(1 - \frac{X}{N}\right) \left(1 - \frac{2X}{N}\right) \qquad (13-21)$$

公式（13-21）用来表示海洋资源环境经济复合系统在任何一时刻的加速度。令 $d^2 X/dt^2 = 0$，可以得到复合系统状态演化曲线拐点：$X_1 = 0$，$X_2 = N/2$ 和 $X_3 = N$。由于 $0 < X < N$，所以拐点为 $X = N/2$。此时，复合系统成长速度曲线达到最大值 $kN/4$。

对公式（13-21）求导，可得

$$\frac{d^3 X}{dt^3} = k^3 X 1 - \frac{X}{N} \left(\frac{6X^2}{N^2} - \frac{6X}{N} + 1\right) \qquad (13-22)$$

令 $d^3 X/dt^3 = 0$，得到拐点 $(3 - \sqrt{3}) N/6$ 和 $(3 + \sqrt{3}) N/6$。此时，复合系统成长速度曲线数值为 $kN/6$。经过推导，复合系统成长速度曲线和状态演化曲线的特征，如图 13-2 所示。

由图 13-2 可得，海洋资源环境经济复合系统随着时间以 S 形曲线增长，上界渐进线 $X = N (t, \infty)$，根据增长情况，可以将演化过程分为 4 个阶段，其具体演化特征见表 13-3。

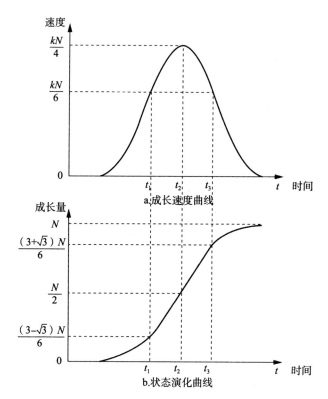

图 13-2 海洋资源环境经济复合系统演化曲线和成长速度曲线

表 13-3 海洋资源环境经济复合系统演化路径特征

阶段	时间	X	dX/dt
初步	$0<t<t_1$	缓慢上升	快速上升
	t_1	$\dfrac{(3-\sqrt{3})N}{6}$	$\dfrac{kN}{6}$
成长	$t_1<t<t_2$	快速上升	缓慢上升
	t_2	$\dfrac{N}{2}$	$\dfrac{kN}{4}$
成熟	$t_2<t<t_3$	快速上升	缓慢下降
	t_3	$\dfrac{(3+\sqrt{3})N}{6}$	$\dfrac{kN}{6}$
衰退	$t_3<t<+\infty$	趋于平稳	快速下降

（1）第一阶段（$0 < t \leqslant t_1$）

①海洋资源环境经济复合系统受限制程度较轻，虽然总体发展程度较低，但是发展速度逐步提升。在这一阶段，海洋资源环境经济复合系统成长量呈现指数增长。在 t_1 处，速度为 $kN/6$，此时加速度达到最大值，影响海洋资源环境经济复合系统的各种因素累计值最大，系统成长量达到 $(3-\sqrt{3})N/6$，系统处于发展的初步阶段。

（2）第二阶段（$t_1 < t \leqslant t_2$）

海洋资源、环境、经济规模快速增加，复合系统活力增强、发展空间大。在这一阶段，海洋资源环境经济复合系统发展速度递增，加速度放缓，属于准线性增长。在 t_2 处，速度为 $kN/4$，成长量为 $N/2$，成长速度达到最快，系统处于发展的成长阶段。

（3）第三阶段（$t_2 < t \leqslant t_3$）

海洋资源环境经济复合系统增长动力减弱，系统受到资源、空间制约。在这一阶段，海洋资源环境经济复合系统成长速度和加速度均放缓，但仍属于准线性增长。在 t_3 处，速度为 $kN/6$，成长量为 $(3+\sqrt{3})N/6$，系统处于发展的成熟阶段。

（4）第四阶段（$t_3 < t < +\infty$）

海洋资源环境经济复合系统发展趋于平稳，接近市场需求最大值。在这一阶段，海洋资源环境经济复合系统成长速度递减，加速度递增。在 t_3 处，速度小于 $kN/6$，成长量大于 $(3+\sqrt{3})N/6$，逐渐达到极限值 N，系统处于发展的衰退阶段。

13.3.2　海洋资源环境经济复合系统演化方程分析

为了进行 Logistic 法则参数估计，将公式（13-20）进一步转换成

$$E = a / \left[1 + b \exp(-ct) \right] \qquad (13\text{-}23)$$

其中，E 代表广东省 t 年的海洋资源环境经济系统演化程度，a、b、c 为待估参数：a 为海洋资源环境经济复合系统演化度能够达到的最大值；b 为积分常数；c 为海洋资源环境经济复合系统的增长率。通过三段和值法确定参数 a、b 和 c 的初始值，使用计量经济软件 Origin 进行拟合和参数估计，计算结果见表13-4。

表 13-4　Logistic 法则参数估计值

参数	海洋资源子系统			海洋环境子系统			海洋经济子系统			海洋资源环境经济复合系统		
	估计值	95%置信区间		估计值	95%置信区间		估计值	95%置信区间		估计值	95%置信区间	
		下限	上限		下限	上限		下限	上限		下限	上限
a	0.7037	0.6708	0.7367	0.5863	0.5745	0.5980	0.6433	0.6025	0.6841	0.6758	0.6653	0.6864
b	0.9064	0.7414	1.0714	0.6359	0.0156	1.3844	0.3540	0.2754	0.4325	0.5272	0.4386	0.6158
c	0.3053	0.2197	0.39098	1.0833	0.2878	1.8787	0.2176	0.0726	0.3627	0.3022	0.2083	0.3960
R^2	0.8936			0.9412			0.9322			0.9178		
Adjust R^2	0.8757			0.8493			0.8486			0.8965		

根据表 13-4 中的 Logistic 法则参数估计结果，得到海洋资源环境经济复合系统及其子系统的估计方程。

海洋资源子系统

$$X = \frac{0.7037}{1+0.9064 \times \exp[-0.3053 \times (t-2005)]} \qquad (13-24)$$

海洋环境子系统

$$X = \frac{0.5863}{1+6359 \times \exp[-1.0833 \times (t-2005)]} \qquad (13-25)$$

海洋经济子系统

$$X = \frac{0.6433}{1+0.3540 \times \exp[-0.2176 \times (t-2005)]} \qquad (13-26)$$

海洋资源环境经济复合系统

$$X = \frac{0.6758}{1+0.5272 \times \exp[-0.3022 \times (t-2005)]} \qquad (12-27)$$

由参数估计结果可知，系统拟合度 R 分别为：0.8757、0.8493、0.8486、0.8965，参数检验比较显著，拟合度比较理想，分别绘制广东省海洋资源环境经济复合系统及其子系统的 Logistic 演化发展曲线（见图 13-3）。

在图 13-3 中，实线表示 2006—2019 年海洋资源环境经济复合系统及其子系统演化实际曲线，反映广东省海洋资源、环境、经济实际演化过程；而虚线则表示拟合曲线，反映海洋资源环境经济复合系统及其子系统的 Logistic 方程拟合结果。演化实际曲线、拟合曲线基本吻合，这表明海洋资源环境经济复合系统及其子系统的演化规律符合 Logistic 法则。

通过比较可以发现，2011—2013 年，海洋资源子系统中的演化实际曲线明显高于演化拟合曲线，这可能是由于我国 2011 年制定的《全国海洋功能区划》有效地指导了沿海地区海洋资源开发活动。广东省陆续制定和公布地方海洋功能区划，明确海洋资源开发利用的相关法律法规、管理制度、技术手段和监督评价机制，海洋资源利用效率有所提高。因而，在此期间广东省海洋资源子系统的演化实际曲线高于拟合曲线。然而，受制于传统治理观念、治理手段单一等因素的影响，海洋功能区划的措施实施成效有待提高，同时广东省海洋渔业过度捕捞问题越来越严峻，大型海洋钻

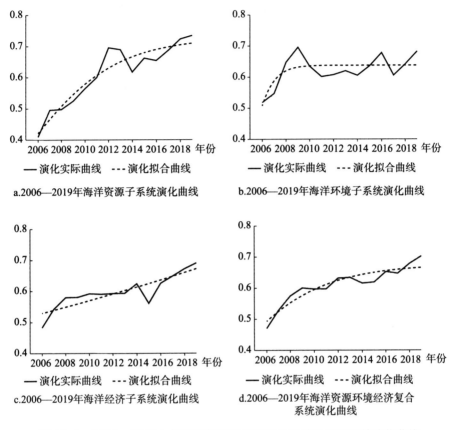

a.2006—2019年海洋资源子系统演化曲线

b.2006—2019年海洋环境子系统演化曲线

c.2006—2019年海洋经济子系统演化曲线

d.2006—2019年海洋资源环境经济复合系统演化曲线

图 13-3 2006—2019 年海洋资源环境经济复合系统及其子系统演化曲线

井平台数量不断增加。所以，2014—2017 年海洋资源子系统的演化实际曲线低于拟合曲线。2018—2019 年，广东省加大对海洋生态红线监管力度，有效引导海洋资源开发活动，海洋资源子系统演化实际曲线呈现上升趋势。从总体上看，海洋资源开发利用仍有一定的改善空间。

从 2008 年开始，海洋环境子系统中的演化实际曲线明显呈波动态势，这可能是由于赤潮等海洋环境灾害增多，影响了广东省沿海海域生态健康。近年来，广东省近海海洋环境灾害呈现出增加趋势，海上重大污染事故频发，近海灾害性风暴潮偏多。2008—2013 年广东省近岸海洋环境灾害造成部分沿海海域海水富营养化程度较为严重，降低了广东省沿海海域水体质量。除此之外，海洋污染过度排放等问题日益凸显，也造成了系统演化实际曲线的波动。海洋污染物过度排放超过海洋环境承载力，造成海洋生物大量死亡，降低了海洋环境生态修复能力。从整体情况上看，海洋环境问题不断凸显。

2014—2016 年，海洋经济子系统的演化实际曲线明显低于演化拟合曲线，这可能是广东省海洋经济进入新常态，增速有所放缓，海洋产业转型升级紧迫，海洋经济发展面临资源、劳动力、资金、环境等方面的压力。广东省海洋产业主体仍是传统海洋产业，海洋战略性产业发展规模还比较小，产值较低。过于依赖传统海洋产业的"粗放"型海洋经济发展模式，导致海洋经济子系统演化实际曲线偏低。2016 年，国家战略性新兴产业规划出台，明确海水淡化、海洋生物医药、海洋工程装备等海洋战略性新兴产业为今后海洋经济重点发展方向；广东省提出涉及海洋战略性新兴产业发展的相关规划和实施方案。2017—2019 年，由于海洋战略性新兴产业的发展为广东省海洋经济提供了增长空间，海洋经济子系统演化实际曲线上升。

海洋资源环境经济复合系统的演化实际曲线在 2006—2016 年，围绕演化拟合曲线上下波动。在此期间，广东省海洋经济的发展还处在初级阶段，存在着海洋资源消耗较大和海洋环境污染严重等问题，海洋生态环境承载能力整体较差。从 2016 年开始，海洋资源环境经济复合系统中的演化实际曲线呈现出缓慢上升的趋势，这可能是由于进入"十三五"时期，广东省合理配置海域资源、大力推进海洋生态文明建设，加强完善近岸海域使用和管理，通过建设"海洋生态文明示范区"和打造"美丽海湾"等一系列的措施和方法，加大对海洋环境的保护和治理，改善海洋环境质量，有效促进海洋资源、环境、经济统筹协调发展。

13.3.3　海洋资源环境经济复合系统演化预测分析

根据海洋资源环境经济复合系统及其子系统的演化方程，得出各系统到 2050 年的演化预测曲线，如图 13-4 所示。

由海洋资源子系统演化预测曲线可知，广东省传统海洋资源开发已经进入成熟期，总体发展速度缓慢；在 2020—2050 年，传统海洋资源开发利用将会达到饱和状态。目前，广东省各科研院所正积极对"可燃冰"等海洋蓝色能源的开采和利用展开技术攻关。2017 年，广东省已经掌握海洋

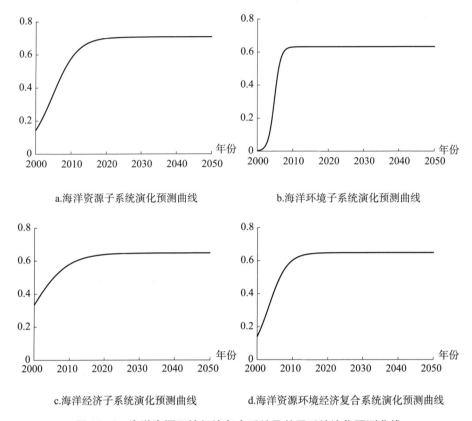

a.海洋资源子系统演化预测曲线　　　　　b.海洋环境子系统演化预测曲线

c.海洋经济子系统演化预测曲线　　　　　d.海洋资源环境经济复合系统演化预测曲线

图 13-4　海洋资源环境经济复合系统及其子系统演化预测曲线

"可燃冰"固态流化开采技术。但是，现阶段的技术水平难以达到大量、高效、安全开采"可燃冰"的目标。随着未来技术发展和进步，广东省海洋资源开发将会从传统海洋资源转向蓝色海洋资源，"可燃冰"等海洋蓝色能源产业发展将会上升到广东省战略高度，最终实现工业化开采，形成由浅海至深海的多层次立体海洋资源开发格局。

由海洋环境子系统演化预测曲线可知，从 2010 年开始，广东省海洋环境子系统发展速度基本停滞，这反映出广东省海洋环境污染问题十分严峻、海洋生态调节功能弱化的现实情况；在 2020—2050 年，广东省海洋环境子系统仍会处于成熟阶段。近些年来，广东省政府积极加大海洋环境治理力度，通过制定海洋功能区划、划定海洋生态红线等一系列措施来改善海洋环境，但海洋生态环境承载能力整体仍然较差。随着政策工具和手段的丰富与发展，广东省政府将会继续出台海洋环境治理相关措施制度，以海洋环境治理修复工程为抓手，借助海洋环境税费、污染控制指标转让等市场激励型海洋环境规制工具，显著提升海洋环境治理成效。

由海洋经济子系统演化预测曲线可知，在新常态背景下，广东省海洋经济发展增速放缓，海洋经济子系统也处于成熟阶段；在 2020—2050 年，广东省传统海洋产业的发展已经达到饱和状态。"十二五"期间，广东省已经基本形成海洋新兴产业体系，海洋战略性新兴产业链条不断延伸、产业规模日益扩大。在未来一段时间内，广东省海洋生物医药、海洋电力、滨海旅游等海洋战略性新兴产业产值将会大幅度提高，同比增速将会维持在较高水平。借助海洋产业转型升级和现代海洋产业体系构建，依靠创新驱动、技术引领，广东省海洋经济将会迎来高质量发展时期。

从整体上看，在资源、环境、空间等基本条件不变的前提下，广东省海洋资源环境经济复合系统演化已经基本达到饱和。然而，随着广东省陆海统筹、区域协调发展等战略的实施，陆海联系、区域联动将会得到加强。随着广东沿海经济带建设和发展的推进，广东省海洋资源、环境和经济的相互作用、协调耦合将会得到加强和改善，海洋资源环境经济复合系统的演化也会从较低层次向较高层次跃进。

13.4 结论与建议

13.4.1 结论

从资源、环境和经济 3 个层面构建广东省海洋复合系统，运用熵权 TOPSIS 方法进行测算，通过建立 Logistic 模型，对我国海洋资源环境经济复合系统发展过程进行拟合分析和趋势预测。得到相关研究结论如下：①海洋资源环境经济复合系统是基于海洋资源、环境、经济相互作用、相互制约而形成的，其系统演化过程受到经济增长机制和生态平衡机制的影响；②海洋资源环境经济复合系统及其子系统的演化规律符合 Logistic 法则，海洋资源子系统最大演化度高于海洋环境、经济子系统；③海洋资源环境经济复合系统及海洋资源、经济子系统演化度的增长率较大,正处于成熟阶段,而海洋环境子系统演化度达到饱和状态,正处于衰退阶段。

13.4.2 建议

基于上述研究结论,围绕均衡海洋资源开发利用、优化海洋空间规划体系、打造海洋特色产业集群和建立海洋互动协作机制这4个方面,提出以下措施建议。

(1) 从近海到深海,均衡海洋资源开发利用

广东省应在开展海洋活动、推进海洋事业过程中,坚持合法、合理、科学原则,加大海岸、海岛等近海资源的开发利用,将海岸生态修复工程与滨海旅游产业相结合。海岸修复项目应该要结合海岸自然特征,以海岸空间养护、海岸自然景观恢复等为主,在修复生态环境的同时,提升旅游休闲功能。在深海资源方面,应该加大海洋资源开发技术研发投入力度,从单项开发转向立体开发、综合开发,丰富海洋资源利用手段、途径;从近海走向深海,通过借助深海勘探装备与工具,积极探索和开发各类深海资源。

(2) 积极探索"多规合一",优化海洋空间规划体系

广东省政府部门应该扮演"多规合一"的主导角色,制定、落实海洋区划配套支持制度,依靠政策工具和手段,积极对各类社会力量的涉海活动进行引导。优化海洋空间规划体系,应该厘清海洋空间规划层级、主体之间的关系,应该坚持海洋生态红线不动摇,通过上位规划指导下位规划,构建一个"多规合一"的海洋空间规划体系。

(3) 创新驱动海洋经济发展,打造海洋特色产业集群

各涉海主体应该通过推动海洋科技研发、体制机制、管理制度等方面的有效创新,为海洋经济注入新的活力。涉海部门、涉海企业应该加大科技研发投入,针对战略要求和市场需求,建设和发展一批重点海洋高新技术产业,打造海洋特色产业集群。一方面,应该加快海洋经济三大产业协同发展,打造国际一流海洋服务业基地;另一方面,应该根据地方资源禀赋情况,打造海洋装备、海洋生物制药、滨海旅游等特色产业集群,形成较为完备的现代海洋产业组织和分工体系。

（4）推动成立广东省海洋委员会，建立海洋互动协作机制

广东省应该成立地方海洋委员会，从而有效发挥协调和监管职能，实现区域海洋事务宏观管理，加强对区域海洋统筹发展的总体协调和战略指导。为了进一步建立海洋互动协作机制，在基础设施建设、生态环境治理等过程中，应该建立跨部门、跨省市的行政管理体制；在人才、资金等资源配置上，应该建立和完善区域内外交流网络，以推动区域间的交流与合作。各级地方海洋委员会应该通过相应的政策激励与约束手段，构建海洋开发深度合作平台，建立海洋互动协作机制，实现海洋可持续健康发展。

13.5 本章小结

本章研究广东省海洋经济高质量发展的系统演化情况，得出广东省海洋经济高质量发展的系统演化发展成熟的研究结论。广东省海洋资源环境经济复合系统及其子系统的演化规律符合 Logistic 法则，海洋资源子系统最大演化度高于海洋环境、经济子系统。广东省海洋资源环境经济复合系统及海洋资源、经济子系统演化度的增长率较大，正处于成熟阶段，而海洋环境子系统演化度达到饱和状态，正处于衰退阶段。

参考文献

［1］苟露峰，汪艳涛，金炜博．基于熵权 TOPSIS 模型的青岛市海洋资源环境承载力评价研究［J］．海洋环境科学，2018，37（4）：586-594．

［2］鲁亚运，原峰，李杏筠．我国海洋经济高质量发展评价指标体系构建及应用研究——基于五大发展理念的视角［J］．企业经济，2019，38（12）：122-130．

［3］赵玉杰．基于生态文明建设的海洋经济发展研究［J］．生态经济，2020，36（1）：211-217．

［4］殷克东，房会会．中国海洋综合实力测评研究［J］．海洋经济，2012（4）：6-12．

［5］高红贵，王如琦．我国省域生态文明建设与经济建设融合发展水

平评价研究［J］.生态经济，2017（9）：204-209.

［6］冯江茹，范新英.中国区域协调发展水平综合评价及测度［J］.企业经济，2014（8）：136-139.

［7］李旭辉，朱启贵.基于"五位一体"总布局的省域经济社会发展综合评价体系研究［J］.中央财经大学学报，2018（9）：107-117.

［8］赵领娣，王海霞，乔石，等.用熵权的 TOPSIS 法评价城市经济实力［J］.数学的实践与认识，2017（24）：301-306.

［9］刘奕，贾元华，税常峰.区域运输结构的自组织演化机制研究——基于 logistic 模型的分析［J］.技术经济与管理研究，2011（9）：3-6.

［10］VOGELS M.，ZOECKLER R.，STASIW D. M.，et al. P. F. Verhulst's" notice sur la loi que la populations suit dans son accroissement" from correspondence mathematique et physique. Ghent，vol. X，1838［J］. Journal of biological physics，1975，3（4）：183-192.

［11］陈海波，李雨婧，陈芳.基于 Logistic 曲线模型的我国 R&D 投入规律及战略思考［J］.科技管理研究，2010，30（9）：25-27，53.

［12］周凌云，周君.基于复合 Logistic 发展机制的区域物流生态系统演化机理［J］.生态经济，2014，30（6）：142-145.

［13］周韬.基于 Logistic 模型的城市空间演化研究［J］.生态经济，2015，31（8）：155-158，172.

14 广东省海洋经济与海洋生态 环境的耦合协调发展分析

14.1 广东省海洋经济与海洋生态环境耦合协调发展指标体系

14.1.1 指标选取

在海洋经济发展水平的评价上，选择海洋生产总值、海洋生产总值占GDP比重、第三产业产值占海洋生产总值的比重、人均海洋生产总值作为海洋经济的核算指标。通过直观的经济总量数值和产业构成比重的情况，对经济进行核算。选择主要港口货物吞吐量、海洋货物运输量、海洋旅客运输量和渔港数量作为海洋产业活动的描述指标。通过收集和统计在货物吞吐、货物运输等方面的相关数据，对产业的具体活动进行描述。从海洋经济核算和海洋产业活动两个方面对海洋经济发展水平进行客观评价，既考虑了直观的经济实力，又能体现出经济发展的潜力。

在海洋生态环境保护状况的评价上，选择沿海城市工业废水排放总量、一般工业固体废物倾倒丢弃量、工业废气排放量反映海洋生态环境的污染情况。从污染的不同来源，对环境的污染进行分类和统计。选择废水治理竣工项目、固体废物治理竣工项目、海洋类型自然保护区、海洋类型保护区面积体现海洋生态环境的治理状况。通过考察污染治理和修复工作的开展情况，以具体的治理项目开展和工作进行反映生态环境的治理进度。从污染现状和治理成效两个方面，对当前的保护状况进行评价，不仅可以反映出海洋生态环境的污染程度，而且可以对治理项目和工作的相关情况进行动态跟进（见表14-1）。

表 14-1 广东省海洋经济与海洋生态环境耦合协调发展指标体系

目标	要素	指标	单位	正、逆向	改进的熵值权重
海洋经济发展	海洋经济核算	海洋生产总值	亿元	正	0.139363246
		海洋生产总值占 GDP 比重	%	正	0.124285065
		第三产业产值占海洋生产总值的比重	%	正	0.163143013
		人均海洋生产总值	元	正	0.13391149
	海洋产业活动	主要港口货物吞吐量	万吨	正	0.130424124
		海洋货物运输量	万吨	正	0.125693428
		海洋旅客运输量	万人	正	0.092736793
		渔港数量	个	正	0.090442842
海洋生态环境保护	海洋生态环境污染	沿海城市工业废水排放总量	万吨	负	0.157839182
		一般工业固体废物倾倒丢弃量	吨	负	0.082540995
		工业废气排放量	亿立方米	负	0.069096866
	海洋生态环境治理	废水治理竣工项目	个	正	0.18960279
		固体废物治理竣工项目	个	正	0.186085436
		海洋类型自然保护区	个	正	0.088995216
		海洋类型保护区面积	平方千米	正	0.225839514

14.1.2 数据来源

根据已确定的指标，本章选择 2006—2019 年的时间序列为研究区间，广东省海洋经济与海洋生态环境的相关数据，主要来源于《中国统计年鉴》《中国海洋统计年鉴》《广东统计年鉴》《广东省海洋环境公报》。以上述年鉴和公报的相关记录为数据基础，综合评价广东省海洋经济发展水平与海洋生态环境保护状况，并进一步分析两者的耦合协调情况。

14.2 广东省海洋经济与海洋生态环境耦合协调发展评价模型

14.2.1 广东省海洋经济综合评价模型

对海洋经济进行综合评价，需要汇总各个指标的数据情况，并建立相应的评价模型。根据各个指标数据的稳定性和重要性，在评价中对应各自的指标权重，并在模型中得以体现。通过综合评价指标模型的建立和运用，了解总体情况。

$$f(x) = \sum_{i=1}^{n} a_i x_i \tag{14-1}$$

在上述的综合评价公式中，评价体系中的指标总数是 n，a_i 是对应的评价指标权重，x_i 代表评价体系中第 i 个指标的原始数据在经过标准化处理后的数值。该综合评价模型涵盖海洋生产总值、海洋经济生产总值占GDP比重、主要港口货物吞吐量等八大海洋经济指标，从海洋经济核算和海洋产业活动两个方面对海洋经济的发展水平进行客观的反映。经过进一步分析后发现，综合指数 $f(x)$ 与发展水平呈现正相关：$f(x)$ 的数值越大，说明发展的水平越高。反之，$f(x)$ 的数值越小，则表明发展水平越低。

14.2.2　广东省海洋生态环境综合评价模型

该综合评价模型包括沿海城市工业废水排放总量、一般工业固体废物倾倒丢弃量、废水治理竣工项目等七大海洋生态环境指标，从海洋生态环境污染和治理两种情况，计算海洋生态环境综合指数，在一定程度上能够对环境保护状况进行客观评价。具体的评价公式如下。

$$g(x) = \sum_{i=1}^{n} b_i y_i \tag{14-2}$$

评价体系中的指标总数用 n 表示，b_i 是对应的评价指标权重，y_i 代表广东省海洋生态环境评价体系中第 i 个指标的原始数据在经过标准化处理后的数值。海洋生态环境综合指数 $g(x)$ 的数值越大，说明环境保护状况越好。反之，$g(x)$ 的数值越小，则环境保护状况越差。

14.2.3　广东省海洋经济与海洋生态环境的耦合度模型

耦合是指两个或两个以上的系统或运动形式之间存在相互作用、相互影响关系的现象[1]，通常采用耦合度来衡量两个系统之间的耦合关系强度[2]。耦合度用于描述系统或要素之间相互作用的程度，耦合度越大，系统间的相互作用关系越强[3]。一方面，经济发展需要良好的环境作为支撑，良好的环境能为经济的发展提供基本保障。一旦环境遭到污染和破坏，将会导致相关的产业活动难以正常开展，产业的经济效益降低。另一方面，生态环境保护需要更高质量的经济发展提供物质支持，环境的修复工作也需要消耗大量的时间和资金。环境会促使经济的发展方式进行调整和优化，转变传统的低效、粗放型发展方式，进一步提高经济发展的质量。因此，两者存在一定的耦合关系[4]。耦合度的具体计算公式，如下所示。

$$C = \frac{f(x) \cdot g(x)}{[f(x)+g(x)][f(x)+g(x)]}^{\frac{1}{2}} = \frac{f(x) \cdot g(x)}{[f(x)+g(x)]^2}^{\frac{1}{2}} = \frac{\sqrt[2]{f(x) \cdot g(x)}}{f(x)+g(x)}$$

$$(14-3)$$

在上述公式中，$f(x)$、$g(x)$分别代表海洋经济、海洋生态环境综合指数，C为计算得出的耦合度。C的数值越大，表明耦合关系强度越大，对应的系统间相互影响和相互作用的程度也越高。

14.2.4   广东省海洋经济与海洋生态环境的耦合协调度模型

耦合度与耦合协调度属于两个不同的概念，耦合度通常用于反映系统间的耦合关系强度，不能反映出各个系统的协调发展水平[5]；而耦合协调度是衡量系统间的相互影响、配合与协作状态程度的指标[6]。因此，需要先计算两者的综合协调指数[7]。

综合协调指数需要进一步考虑海洋经济与海洋生态环境在综合评价中各自所占的比重，假设两者同等重要，则综合协调指数的具体计算公式如下。

$$T = \alpha f(x) + \beta g(x) \qquad (14-4)$$

其中，由于海洋经济与海洋环境同等重要，则公式中的待定系数 $\alpha = \beta = 0.5$。将 α、β 带入公式进行计算，可以得到综合协调指数 T。

$$D = (C \cdot T)^{\frac{1}{2}} \qquad (14-5)$$

将 C 和 T 代入上述公式，计算出耦合协调度 D。耦合协调度反映出各个系统间的协调发展水平，D 的数值越大，说明协调水平越高，两者处于协调发展的状态；D 的数值越小，则意味着协调水平越低，两者难以协调。

在实际评价的过程中，有些系统的耦合度比较高，而耦合协调度却比较低，属于一种低水平的耦合状态；有些系统之间的耦合度比较低，但是相互协调合作的关系较好，可以实现基本调和。因此，不能仅仅通过耦合度或耦合协调度的数值大小，进行简单的评价，而应该通过考虑各个系统自身的情况和系统间的相互影响，对系统的耦合情况进行分析。由于耦合协调度 D 的不同取值、海洋经济综合指数 $f(x)$ 和海洋生态环境综合指数 $g(x)$ 的不同关系，所反映出的海洋经济与海洋生态环境系统的耦合类型、阶段和特征也会有所不同。

通过对耦合协调度的总区间（0，1）进行划分，具体划分为 0~0.4、0.4~0.5、0.5~0.8、和 0.8~1 这 4 个阶段，结合 $f(x)$ 与 $g(x)$ 之间不同的大小关系，如 $f(x)>g(x)$、$f(x)=g(x)$ 和 $f(x)<g(x)$，划分出不同的耦合协调类型和耦合阶段。耦合协调类型按照水平从低到高进行排序，主要包括：极度不协调、不协调、勉强调和、基本调和、调和、协调；对应的耦合阶段为拮抗、磨合、低水平耦合和高水平耦合。具体的分类情况见表 14-2。

表 14-2 "海洋经济—海洋生态环境"耦合协调发展分类情况

耦合协调度	$f(x)$ 与 $g(x)$	耦合协调类型	耦合阶段	耦合特征
0<D≤0.4	$f(x)<g(x)$	勉强调和	低水平耦合	海洋经济发展水平低，未对海洋生态环境造成严重破坏
	$f(x)=g(x)$	不协调	低水平耦合	
	$f(x)>g(x)$	极度不协调	拮抗	
0.4<D≤0.5	$f(x)<g(x)$	基本调和	拮抗	海洋经济快速发展，海洋生态环境遭到破坏，海洋经济发展给海洋生态环境保护带来负面影响
	$f(x)=g(x)$	基本调和	拮抗	
	$f(x)>g(x)$	基本调和	拮抗	
0.5<D≤0.8	$f(x)<g(x)$	勉强调和	磨合	海洋经济发展受到海洋生态环境破坏的制约。政府将更多的资金用于修复海洋生态环境，海洋经济与海洋生态环境开始良性耦合
	$f(x)=g(x)$	调和	磨合	
	$f(x)>g(x)$	调和	磨合	
0.8<D≤1	$f(x)<g(x)$	基本调和	高水平耦合	海洋经济与海洋生态环境相互促进，实现协调发展
	$f(x)=g(x)$	协调	高水平耦合	
	$f(x)>g(x)$	协调	高水平耦合	

14.3 广东省海洋经济与海洋生态环境耦合协调发展综合评价

14.3.1 实证结果

在建立海洋经济和海洋生态环境的综合评价模型的基础上，分别得出两者的综合评价指数。然后，利用耦合度模型，计算出两者的耦合度。最后，通过耦合协调度模型，得出广东省海洋经济与海洋生态环境的耦合协调水平。具体的实证结果，见表 14-3。

表 14-3 2011—2019 年广东省海洋经济与海洋生态环境耦合评价结果

年份	海洋经济综合评价	海洋生态环境综合评价	耦合度	耦合协调度	耦合协调类型	耦合阶段
2006	0.0145	0.8791	0.1263	0.2376	勉强调和	低水平耦合
2007	0.0284	0.7725	0.1849	0.2721	勉强调和	低水平耦合
2008	0.0483	0.7091	0.2443	0.3042	勉强调和	低水平耦合
2009	0.0789	0.6982	0.3020	0.3426	勉强调和	低水平耦合
2010	0.0933	0.6635	0.3288	0.3527	勉强调和	低水平耦合
2011	0.1237	0.6284	0.3707	0.3734	勉强调和	低水平耦合
2012	0.3211	0.4086	0.4964	0.4256	基本调和	拮抗
2013	0.3809	0.3323	0.4988	0.4218	基本调和	拮抗
2014	0.7656	0.3093	0.4527	0.4933	基本调和	拮抗
2015	0.9859	0.2696	0.4106	0.5077	调和	磨合
2016	0.9801	0.2998	0.4235	0.5206	调和	磨合
2017	0.9855	0.3231	0.4312	0.5312	调和	磨合
2018	0.9802	0.3988	0.4534	0.5591	调和	磨合
2019	0.9883	0.4055	0.4542	0.5626	调和	磨合

从不同的耦合阶段来看，2006—2011 年，广东省的海洋经济与海洋生态环境处于低水平耦合阶段，耦合度与耦合协调度在数值上相差不大；2012—2014 年，两者的耦合度与上年基本持平，而耦合协调水平有所上升，处于拮抗阶段；2015—2019 年，协调度保持上升趋势，两者达到基本调和，两者的耦合协调度超过 0.5，耦合协调水平比较高，进入调和的相

互磨合阶段。

14.3.2 结果分析

基于上述的实证结果,从海洋经济与海洋生态环境的综合评价指数、耦合度与耦合协调度及其代表的类型和阶段、耦合关系时序变化这 3 个方面对两者的耦合关系及其发展变化情况进行分析。

(1) 海洋经济与海洋生态环境的综合指数分析

从实证结果反映的情况来看,2006—2019 年,广东省的海洋经济综合评价指数整体保持不断上升。在这期间,2006 年的海洋经济综合评价指数为最低值,仅有 0.0145;2014 年突破 0.5 大关,达到 0.7656,而 2015 年的 0.9859 为最高值。海洋经济综合评价值指数整体不断上升,表明在 2006—2019 年,广东省加大对海洋经济的投入力度,为经济发展提供更广泛的支撑范围和条件,促使经济总体保持较高的增长速度和较大的增长幅度,经济发展水平不断提高。与此同时,广东省 2006—2015 年的海洋生态环境综合评价指数则不断下降,数值从 2006 年的 0.8791 下降至 2015 年的 0.2696。随后开始逐步上升,评价指数的数值基本稳定在 0.3 至 0.4 区间。从整体上看,2006—2015 年,海洋生态环境综合评价指数大幅度下降而且数值较低,表明广东省的海洋生态环境遭到严重破坏;2016—2019 年,表明广东省加大相关的修复和治理工作的力度,海洋生态环境的保护状况得到进一步改善。

(2) 耦合度与耦合协调度及其代表的类型和阶段分析

通过对耦合度的分析可以发现,从 2009 年开始,广东省的海洋经济与海洋生态环境的耦合度数值超过 0.3 的水平,证明两者存在较强的耦合关系,系统之间有明显的相互影响和相互作用;2012—2019 年,耦合度数值与之前相比进一步上升,整体水平保持在 0.4 以上,表示两者的耦合关系得到进一步加强。同时,两者的耦合协调度整体保持上升趋势,2019 年达到最高值 0.5626,说明广东省海洋经济和海洋生态环境协调状态不断得到改善。2006—2019 年,耦合度和耦合协调度的数值变化,在一定程度上反映出海洋经济与海洋生态环境的关系越来越紧密,两者的耦合协调状态有明显的提高和改善(如图 14-1 所示)。

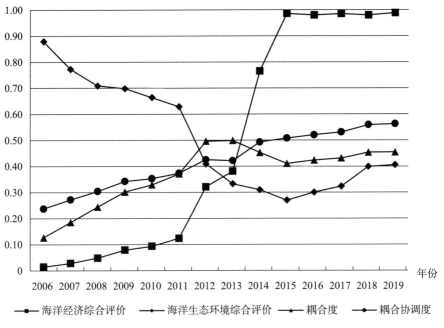

图 14-1　广东省海洋经济与海洋生态环境耦合变化趋势

从对应的耦合协调类型和阶段来看，2006—2011 年，两者处于勉强调和的低水平耦合阶段。此时，经济发展的速度比较快，但是仍有一定的增长空间，生态环境未受到严重破坏，两者处于相互磨合的状态。2012—2014 年，随着广东省加大对海洋经济的投入，大力发展海洋经济，两者进入了拮抗阶段。在这个阶段中，海洋经济的增长空间变小，在进一步加快海洋经济高速发展的过程中，海洋生态环境的承载力下降。资源的过度开发、污染物排放过多等现象，导致生态环境造成严重破坏。2015—2019 年，由于海洋经济经过前期的高速发展，已经到达一个比较高的发展水平，而海洋生态环境的状况在各类修复工作的开展下也保持基本稳定，两者处于调和阶段。但是，从总体上看，两者的耦合水平仍然比较低，需要进一步磨合，以达到高水平的耦合协调阶段。

（3）耦合关系时序变化分析

2011—2014 年，广东省积极响应国家号召，提出全面建设"海洋强省"的目标，加快广东省从海洋大省向"海洋强省"的转变。通过优化海洋经济结构、提升海洋传统优势产业竞争力、培育发展海洋战略性新兴产业等方式，从经济的规模和效益两方面，提高广东省海洋经济的综合实力。与此同时，在建设"海洋强省"的战略目标下，广东省加大力度发展海洋经济、资源的过度开发等措施对海洋生态环境造成一定程度的破坏。直至2013年，广东省政府出台了关于海洋环境保护的"十二五"规划，通过加快海洋环境保护机制建设、加强海洋环境监管能力建设等方式，对海洋生态环境进行修复。因此，广东省的海洋生态环境开始保持在相对稳定的状况。

从总体上看，2006—2019年，广东省海洋经济与海洋生态环境耦合关系总体上呈现波动上升的趋势，遵循"磨合—拮抗—协调"的变化过程，耦合水平从低级耦合向高级耦合发展。但是，广东省的海洋经济发展速度较快，发展水平较高，而海洋环境保护状况较差，对海洋环境的资金投入、保护力度不足。在海洋经济持续增长的同时，耦合关系的发展主要受到环境因素的制约，两者的耦合水平有待提高，耦合协调关系仍处于磨合阶段。

14.4 结论与建议

14.4.1 结论

通过建立海洋经济、海洋生态环境的综合评价模型，以及两者的耦合度模型和耦合协调模型对广东省的海洋经济与海洋生态环境的耦合程度及其耦合协调水平进行实证分析，得出以下结论。

（1）海洋经济发展水平和海洋生态环境保护状况之间存在的差距较大

在现阶段，广东省政府将大部分的资源投入培育现代海洋产业、提高海洋科技中，而在海洋生态环境保护方面的资源投入较少。一方面，在政府的大力支持下，涉海企业的规模和数量不断发展，海洋经济实力有明显的提高；另一方面，政府对海洋生态环境的保护力度不足、保护措施不到位等，也导致了一系列的海洋生态环境问题，甚至威胁各类海洋生产活动的正常开展。海洋经济的发展形势向好，而海洋生态环境问题不断出现，因此，广东省的海洋经济发展与海洋生态环境保护处于一种不平衡的状态。

(2) 海洋经济与海洋生态环境的耦合协调水平比较低

从耦合关系的阶段来看，近几年来，两者的耦合关系整体上处于耦合的初级阶段，耦合协调水平比较低，主要表现为两者的相互拮抗与相互磨合。从耦合关系的主要影响因素来看，目前的海洋生态环境现状难以满足海洋经济发展的需求，其限制了两者的耦合协调水平进一步提高。为了提高两者的耦合协调水平，需要及时地对已经遭到破坏的海洋生态环境进行修复，采取相应的修复措施以提高海洋生态环境的状况。因此，海洋生态环境的修复不仅有利于海洋环境的改善和海洋经济的发展，也有利于促使两者的耦合协调关系进入高水平耦合阶段。

(3) 海洋经济与海洋生态环境耦合变化的上升趋势不明显，上升的幅度有待提高

从 2013 年开始，广东省在大力发展海洋经济的同时，也逐渐注重对海洋生态环境的保护，开展了一系列的海洋生态环境修复工作。但是，目前两者的耦合变化上升趋势不明显，上升的幅度太小，表明广东省现有的海洋经济与海洋生态环境之间的适应度并不高，海洋生态环境的修复工作取得的成效不明显。除了修复的投入力度不足之外，传统的发展观念、修复的途径过于单一、修复的范围不够广泛等因素，也会导致海洋生态环境的修复效果大打折扣，未能达到预期的修复成果。

14.4.2 建议

综上所述，目前广东省海洋经济与海洋生态环境之间的耦合协调水平较低，需要采取一些相应措施，促进两者的协调发展。

(1) 合理分配和利用海洋资源，实现海洋经济与海洋生态环境平衡发展

不合理的海洋资源配置和利用，会导致海洋资源的过度集中和浪费，进而引起海洋经济发展与海洋生态环境保护的不平衡状态。两者的不平衡状态并不利于相互协调发展。因此，资源的合理分配和利用是加快经济发展和加强生态环境保护的基础，是实现两者平衡发展的重要途径。

政府作为资源配置的重要主体之一，政府的相关行为对资源能否合理

分配和利用有着重要的影响作用。政府在大力发展海洋经济的同时，必然会将大量的海洋资源用于海洋经济发展，为海洋产业的发展提供资金、场地和人才的支持。而此时，为了实现两者的平衡发展，政府在对海洋资源进行分配和利用的过程中，也要注重对海洋生态环境的保护和修复。通过设立海洋生态红线、加大海洋生态补偿、制定海洋功能区划等方式，有效地引导海洋资源的合理分配，提高海洋资源的综合利用效率和利用水平。加大海洋生态环境保护和修复工作的投入力度、参与力度和监督力度，对海洋资源进行合理分配和利用，实现海洋经济与海洋生态环境的平衡发展。

（2）推动海洋产业生态化，实现海洋经济与海洋生态环境协调发展

在选择、培育和发展海洋产业过程中，要引入生态化的产业发展方式。在构建现代海洋产业体系的过程中，实现产业的生态化发展，推动产业生态化。

首先，海洋产业生态化意味着在海洋产业的选择过程中，体现出生态化发展的原则。海洋产业生态化要求选择可持续、高效、环境友好型的海洋产业，不能再发展对海洋生态环境造成严重破坏的传统海洋产业。其次，海洋产业生态化要求在海洋产业的培育过程中，采取生态化的发展方式。海洋产业生态化会推动低效、高污染、粗放型的传统海洋产业进行转型升级。最后，海洋产业生态化需要在海洋产业的发展过程中，遵循生态化发展规律。海洋产业生态化不仅要求构建低能耗、高效率的海洋产业生态体系，而且强调在关注海洋经济效益的同时，也要注重海洋生态效益。海洋产业生态化作为一种海洋经济效益与海洋生态效益相结合的有效方式，推动两者的协调发展。

（3）落实新发展理念，加强海洋生态文明建设，促进海洋经济高质量发展

落实新发展理念，需要将新发展理念作为关心海洋、认识海洋、经略海洋的重要指导思想之一，在海洋开发和利用的具体活动中体现新发展理念、贯彻新发展理念。

在新发展理念的引领下，关心海洋，提高海洋生态文明意识。海洋生态文明建设的基础就是提高海洋生态文明意识。通过转变传统的海洋经济

发展观念，增强责任意识，在海洋开发和利用的活动中，意识到海洋生态环境对人类的重要性；在新发展理念的带动下，认识海洋，实施海洋生态文明措施。通过建设海洋生态文明示范区、提高海洋综合管控能力等，在实际的海洋开发和利用具体活动中以实际行动提升海洋生态文明的水平；在新发展理念的指导下，经略海洋，制定海洋生态文明制度。通过制定和完善海洋开发和利用的相关制度条例，发挥海洋生态文明制度的规范作用，维护海洋生态环境的平衡。在发展海洋经济的同时，注重提高经济发展的质量，从"蓝色经济"转向"绿色经济"，从"高速增长"转向"高质量发展"，以海洋生态文明建设作为海洋工作的重要抓手，促进海洋经济与海洋生态环境的全面协调发展。

14.5 本章小结

本章研究广东省的海洋经济与海洋生态环境的协调关系情况，通过建立海洋经济、海洋生态环境的耦合度模型和耦合协调模型对广东省的海洋经济与海洋生态环境的耦合程度及其耦合协调水平进行实证分析。目前，广东省海洋经济与海洋生态环境之间的耦合协调水平较低，需要采取一些实现海洋经济与海洋生态环境协调发展的可行性措施和建议。

参考文献

[1] 刘耀彬，李仁东，宋学锋. 中国城市化与生态环境耦合度分析 [J]. 自然资源学报，2005，20（1）：105-112.

[2] 周成，冯学钢，唐睿. 区域经济—生态环境—旅游产业耦合协调发展分析与预测——以长江经济带沿线各省市为例 [J]. 经济地理，2016，36（3）：186-193.

[3] 高强，周佳佳，高乐华. 沿海地区海洋经济—社会—生态协调度研究——以山东省为例 [J]. 海洋环境科学，2013，32（6）：902-906.

[4] 高乐华，高强，史磊. 我国海洋生态经济系统协调发展模式研究 [J]. 生态经济，2014，30（2）：105-110.

［5］赵莹，魏雷．辽宁省战略性新兴产业与传统产业耦合发展研究——基于高端装备制造业与冶金工业的分析［J］．辽宁大学学报（哲学社会科学版），2017，45（1）：42-50.

［6］张超，杨军．经济-社会-资源环境耦合协调发展分析与预测——以重庆市为例［J］．重庆理工大学学报（社会科学），2018（9）：73-84.

［7］李国柱，郝婷婷，赵可鑫．我国沿海地区海洋经济与资源环境耦合协调发展分析［J］．吉林师范大学学报（人文社会科学版），2018，46（2）：81-87.

15 广东省海洋经济高质量发展的政策有效性检验

15.1 广东省海洋经济创新发展政策实践现状分析

15.1.1 政策目标定位

广东省海洋经济创新发展政策的总体目标定位是实现广东省海洋经济创新发展，从而为我国其他沿海省份提供经验借鉴，推进我国海洋经济高质量发展。结合经济、社会发展需要和国家、地方战略需求，进一步划分广东省海洋经济创新发展政策目标定位。

海洋强国建设核心区。推进广东省海洋供给侧结构性改革，通过优化海洋产业结构，提高广东省海洋科技自主创新能力，推动海洋创新发展，将广东省建设为我国海洋强国建设核心区。

海洋生态文明建设示范。以重大项目和工程为抓手，提高广东省近海海岸带生态系统保护水平，提高可持续发展能力，将广东省建设为人海和谐、生态良好的示范区。

海洋科技创新集聚区。优化自主创新和产业环境，争取更多国家级和国际合作海洋科研项目落户广东省，打造一系列海洋创新合作平台，将广东省建设为全国海洋科技创新集聚区。

"一带一路"建设引领区。搭建广东省与"一带一路"沿线国家和地区海洋科技、海洋文化、海洋监测互联互通平台。通过海上交通运输、海洋工程装备等领域合作，拓展广东省海洋经济发展腹地，将广东省建设为"一带一路"海洋经济合作引领区。

海洋现代治理体系建设先行区。积极推进广东省海洋现代化治理体系建设，统筹提高海洋行政管理、执法队伍、决策咨询、公共服务等方面管理水平，推进海洋综合管理能力建设，加快构建监管立体、执法规范的现代海洋治理体系，将广东省建设为全国海洋治理创新探索的先行区。

15.1.2 政策内容措施

由于自然资源禀赋和社会发展程度不同，广东省内各个城市在制定和实施海洋创新发展政策过程中，应充分考虑地方实际需要和开展情况。因此，在海洋经济创新发展政策内容措施上，存在省级层面、地方层面的区别。

（1）省级层面

广东省根据中央的重要部署，优先发展海洋支柱产业，重点发展海洋高科技产业，建设三大海洋经济区，加快转变海洋经济发展方式，调整优化海洋经济结构，通过给予政策支持来实现海洋经济的发展，努力实现"数字海洋、生态海洋、安全海洋、和谐海洋"格局。

（2）地方层面

广州市政府出台关于加快实施创新驱动发展战略的决定，进一步制定相应的 7 个配套实施文件，探索广州市全面创新改革试验，推动科技与产业、金融、人才相结合。

深圳市正式创建全国海洋经济科学发展示范市，提出建设"一带一路"倡议实施体系、建设海洋现代产业体系、建设海洋科技创新体系、建设海陆统筹协调体系、建设海洋空间优化体系和建设海洋公共服务体系等 6 项主要任务。

珠海市为深入实施《珠海市特色海洋经济发展规划（2013—2020年）》，建设现代海洋产业体系，旨在从财税、金融、海洋产业园区、成果转化、人才培养、产业合作、要素保障、示范区建设等 8 个方面推动珠海市海洋经济创新发展，实现向"海洋经济强市"跨越。

汕头市在《汕头市海洋经济发展"十三五"规划》的基础上，制定《关于促进海洋经济科学发展的新举措》，为海洋经济创新发展提供政策基础。在推进和落实海洋创新政策实施方面，做好资金拨付、设施搭建、人才引进等准备工作，为汕头市海洋经济创新发展提供新的契机。

湛江市立足各类涉海规划，引导和促进海洋经济创新发展。积极编制《湛江市蓝色海洋综合开发计划 2017—2020 年》《湛江市海洋产业发展规划（2012—2020 年）》等系列规划，为湛江市海洋经济创新发展提供指引。

15.1.3 政策影响范围

近年来，广东省及所属各下辖市出台了涉及财政、金融、土地、税收、管理等系列措施扶持海洋经济创新发展。

在海洋产业规划发展方面，已有海洋创新发展政策涉及临港港口运输、深海清洁能源、滨海休闲旅游、涉海金融服务等海洋战略性新兴产业，进一步提出建设海洋电子信息集群化示范基地，打造高端海洋工程装备产业集群，推进海洋生物医药重点领域研发应用推广等产业行动方案，要求落实保障海洋产业发展的工作举措和政策措施。

在海洋管理体制改革方面，已有海洋经济创新发展政策有利于深化海洋人才体制机制改革，创新海洋人才培养与引进，围绕新型海洋研发机构、海洋科技孵化器、涉海企业主体、海洋科技成果转化、海洋高层次人才引进、海洋知识产权强化等方面，重点解决广东省海洋经济创新发展过程中存在的海洋管理体制障碍和重大核心问题。

15.2 广东省海洋经济创新发展政策有效性检验

15.2.1 政策实施效果

广东省海洋经济创新发展政策由于顶层设计科学、相关配套完善、反馈调整及时、宣传手段高效等原因，取得了一定的政策实施效果，为广东省海洋经济创新发展提供了持续、有效的政策支撑。

（1）政策认知程度较高

海洋经济创新发展作为广东省实现建设"海洋强省"的重要内容之一，《广东省海洋经济发展"十三五"规划》《广东海洋经济综合试验区发展规划》将其纳入政策议程，有关政策的制定和实施已经引起社会广泛关注和讨论，各类创新主体高度关注广东省实施海洋创新驱动发展的政策动向。因而，海洋经济创新发展政策的认知程度较高。另外，从政策宣传渠道和手段来看，各创新主体主要通过政府科技部门进行线下宣传和网络传播等方式来获取海洋经济创新发展政策信息，海洋经济创新发展政策宣传依赖政府部门的有力推动，政府在这个过程中扮演主导角色。

（2）政策偏好存在差异

海洋经济创新发展政策从多方面推进各创新主体实现科技创新，然而不同创新主体对海洋经济创新发展政策的关注点呈现明显差异。在广东省制定的海洋经济创新发展政策中，创新主体最为关注的是资金支持和科技金融；其次是促进科技成果转化应用；而关注度最低的是用地、用房优惠。由此可见，海洋科技创新资金问题是各创新主体在海洋经济创新发展中面临的主要障碍之一。

（3）政策覆盖范围较广

一方面，虽然广东省各沿海城市制定和公布的海洋经济创新发展政策实施细则有所不同，但是其政策覆盖范围主要集中在海洋产业、海洋金融、海洋科技等领域；另一方面，海洋经济创新发展政策覆盖受众也比较广泛，具体包括涉海企业、涉海社会组织、涉海高等院校等，有利于形成海洋经济创新发展主体多元化格局。同时，海洋经济创新发展政策从海洋科学技术的选择环节就开始介入，进一步覆盖到培育、孵化、应用等全过程。因而，从政策覆盖产业、覆盖受众、覆盖过程等方面来看，海洋经济创新发展政策覆盖范围较广，实现了对海洋经济创新发展的全覆盖。

（4）政策财政使用高效

在资金支出方面，按照广东省关于省级财政使用的有关规定和要求，海洋经济创新发展政策由省级财政设立专项政策资金进行支出；在使用审核方面，海洋经济创新发展政策财政使用过程严格按照财政预算计划如期使用，政策年度财政使用情况纳入省级专项财政审核；在内部管理方面，经费使用单位建立有效内部管理机制，制定完善有关单位财务、资产、政府采购、绩效评价、成果转化等内部管理制度和实施办法，建立并落实科研项目日志管理制度。

15.2.2　政策反馈调整

（1）政策制定反馈

在政策制定过程中，海洋经济创新发展政策广泛听取海洋领域专家、学者意见；在广州、深圳、珠海、汕头、湛江等沿海城市多次进行实地调研；召开包括生产、加工、运输等在内的涉海企业代表座谈会；在政府官网上公布政策实施草案，积极收集广大群众建言。根据相关意见及时进行适当修改，因而在海洋经济创新发展政策制定阶段反馈效果较好。

（2）政策执行反馈

在政策执行过程中，海洋经济创新发展政策对执行效果进行跟踪调查，记录政策方向和路线修正、政策预算和资金投入、政策设施和设备使用等情况。定期对比政策执行前后，海洋经济创新发展的经济效益和社会效益，在保证产生较大经济效益的同时，兼顾社会效益，以适应海洋经济发展和社会生产活动的现实需要。

（3）政策调整反馈

在政策后期过程中，对海洋经济创新发展政策的社会生产实践进行评价。在政策实施效果较低的情况下，进行及时、对应的调整，对照其他实施效果较好的涉海政策，寻找问题产生的本质根源。在政策实施效果较好的情况下，持续记录、跟进政策实施情况，将相关的措施经验和总结，推广、应用到海洋领域的其他政策中。

15.2.3　政策总体评价

通过对比政策预期目标，得到海洋经济创新发展政策运行的整体实施情况。从总体上看，广东省海洋经济创新发展政策取得了较好的效果，实现了较高的经济效益和社会效益。

在海洋经济创新发展政策支持下，广东省海洋经济有新的、充足的增长空间和增长动力。因而，广东省海洋经济创新发展的政策总体评价基本满足预期设想，取得较好的政策效果，为实现"海洋强省"、海洋经济高质量发展提供坚实的政策支撑。

15.3 本章小结

本章对广东省海洋经济高质量发展的相关政策实践进行持续追踪，研究发现，在政策认知偏好、覆盖范围、财政使用等方面，广东省海洋经济高质量发展政策取得了一定的实施效果，进一步通过政策制定、执行、调整反馈，实现较高的经济效益和社会效益，为广东省海洋经济高质量发展提供持续、有效的政策支撑。

16 广东省主要沿海城市海洋经济 高质量发展的一般路径

16.1 促进海洋产业孵化集聚

16.1.1 发展产业集聚区

通过区域合作，实现专业化分工与资源内部优化整合，形成特色产业集聚区。一个良好格局由广东省海洋产业集聚而成，促进联动发展，确定每个区位的分工，高新海洋产业和现代服务业应成为珠三角海洋经济区的重点发展对象，加强区域内城市间的分工协作和资源共享；粤东海洋经济区的粤东城镇群应以汕头为中心，同时要加快发展速度，在生态经济带和工业经济带方面，也要加快发展速度。粤西地区以湛江为中心，发展外向渔业、临海重工业、临海钢铁工业和配套产业。

16.1.2 培育重点龙头企业

重点龙头企业具有较强的实力、效益，对海洋产业的孵化、集聚等具有较大的拉动作用，因此需要采取综合措施培育重点龙头企业，带动广东省海洋产业又好又快的发展。通过培育重点龙头企业，完善产业链条，成熟后形成产业集群优势，以此开展相关支持工作。在产业集群发展初期，可以通过建设产业园区，为龙头企业的发展提供载体。

16.1.3 推进产业供给侧结构性改革

为了实现更高质量、更高效的有效供给，提高海洋产业全要素生产率，并且扩大中高端海洋产品、海洋科技所占比重，最后成功实现海洋产业集聚化水平的提高。利用兼并重组、债务重组等方式，清扫一批"僵尸企业"，最终逐步实现海洋产业集群内的市场清场，将更多资源放在海洋战略性新兴产业的发展上；提高供给侧结构性改革效率，提升集聚水平。

16.1.4 把握国家重大海洋政策机遇

利用广东省在"21世纪海上丝绸之路"倡议中重要省份的地位，牢牢把握其带来的政策机遇，加快对外开放的步伐。尤其是，加强与港澳地区以及丝绸之路沿线各个国家在海洋产业领域的交流与合作，充分利用广东省丰富的港口、岛屿等海洋资源以及较好的海洋产业基础，实现与沿线国家、地区海洋第一、第二、第三产业对接和技术研发合作。

16.2 构建现代海洋产业体系

16.2.1 提升海洋传统产业

在海洋交通运输业方面，最核心的是加强区域港口群的功能，形成以珠三角为主体，以粤东、粤西为两翼的集群化发展格局；重视珠江与汕头、湛江等东西两翼的港口合作联盟，通过合作来降低输运成本；加强粤港澳交通基础设施对接，并形成"互联网+航运+金融"的新兴业态模式，以达到整合相关资源的目的；同时根据"21世纪海上丝绸之路"沿线情况，加强与东盟、南亚、非洲等地区的港口合作联系。

在现代海洋渔业方面，应当建设渔港经济区，发展海洋渔业捕捞、冷链物流、水产品加工、休闲渔业等多方面的业态。同时建设休闲渔业博物馆、民俗渔村等文化设施，依托渔港经济带动沿海经济和滨海旅游业的发展；对渔业养殖进行转型升级，采用科技型、生态型的渔业养殖方式，推动水产养殖工厂化，控制近海养殖的密度，严格执行相关制度，划定渔业养殖范围，采取措施以保护渔业资源，同时提高设备水平。

在海洋船舶工业方面，应当确定以三大船型为主流，提高研发设计能力，支持提升制造业的自主研发能力，支持海洋船舶工业的相关产业的发展；加快船舶产品的优化升级，发展高新技术的大型集装箱、海洋工程船等，加强远洋渔业、远洋运输等船舶技术的应用与研发。

16.2.2 培育海洋新兴产业

在海洋电子信息方面，首先加大海洋方面的信息覆盖面，利用相关政策的支持，大规模电子信息企业不断向海洋研发的方向看齐，培养一批海洋电子信息领先企业，依靠这一点实现海洋电子信息产业的集群式发展。其次，鼓励电子信息企业与船舶制造业等展开合作，开发海洋自动检测系统等电子设备；支持电子信息企业与国内外电子龙头企业的交流与合作，引进一些国际知名企业、上市企业等，共同合作。

在海洋工程装备制造方面，促进海洋工程装备的开发与产业化。推动海底地形探测和深海装备等新材料的研发，增强海洋工程装备的专业制造和系统配套能力。大型海洋工程装备企业通过不断整合产业链，以此来增强自身运营能力。根据自身实际情况，深圳可以建设深海船舶设备试验基地；在水下机器人和无人驾驶船舶领域，开发人工智能技术和智能船舶设备控制系统，创新发展智能海洋工程装备，扩大人工智能产业集群。

在海洋生物医药方面，加强技术创新，同时开展在海洋生物医药方面的技术创新计划，开发海洋水产品功能性食品、药品，并强化在该领域的技术研发。加强对海洋生物的研究，提高培育生物在抗病方面的能力，加强海洋生物药品的研发技术，促进产业化发展。利用好丰富的海洋生物资源，研发出各类药品、疫苗以及部分重大疾病的创新药物，实现海洋生物医药技术的产业化发展。

16.3 增加海洋科技创新驱动力

16.3.1 培育创新主体

加强创新主体的培育和服务，应当设立海洋企业孵化器建设与发展的专项经费，对企业孵化器的建设与发展提供专业的指导和管理。同时支持多方共同搭建孵化平台，通过鼓励高校、科研机构、企业创立创新服务平台，开展孵化对象的服务，集聚专业技术、人才等资源来提升行业竞争力。强化创新成果转化，完善财政、税收等政策为科技成果转化提供多层次、多元化的平台。加强对知识产权的保护，保护海洋科技创新的自主创新成果。充分利用中国海洋经济博览会等平台来推动海洋科技成果的交易和应用。

16.3.2　推动协同创新

建立协同创新的平台，坚持产学研结合，联合各类承担主体来建设一批以海洋科技为重大工程的协同创新平台。加强对协同创新的支持，在科技项目的申报、成果奖励、人才引进、科研基础设施方面提供重大资金、设施投入。建立协同创新机制，支持具有海洋技术综合实力的研发组织发展壮大，增强创新主体的主观意愿和客观能力。同时，政府应该建立协同创新平台的重大项目投入、资本参与等机制，以帮助创新组织获得外部的知识与技术，降低创新风险与成本，突破自身知识、研发人才与经费等资源不足的局面。

16.3.3　搭建研发载体

建立产学研基地，支持高等院校、涉海企业、行业协会等共建海洋研发平台和创新联盟，以技术研发为核心，通过项目合作将不同创新主体连接起来，打造一批公共技术服平台和产学研基地。合理制定研发载体的定位、合作机制的建立、组织架构的设计等关键任务。支持高校与国内外海洋大学及科研机构建立一批海洋重点实验室，加快建设深圳国家生物产业高技术产业基地、湛江国际海洋高技术产业基地、珠海经济技术开发区集聚区和深汕特别合作区海洋产业集聚区等现代海洋产业集聚区。

16.4　创新海洋人才体制机制

16.4.1　加快培养海洋应用型和技能型人才

加快培养海洋应用型和技能型人才，提高海洋从业者的综合素质，是广东省实现海洋经济高质量发展的迫切需要。依托涉海高校与科研院所进一步加强海洋类院校和专业建设，加快培养高等级海船船员等海洋应用型和技能型人才。支持海洋学科硕士及博士学位点、博士后流动站工作建设与管理，推动与国家海洋局共建广东海事大学工作。加强海洋类高等院校建设，探索设立广东海洋工程职业技术学院。支持涉海高等学校加快海洋战略性新兴产业学科专业设置，增设海洋类学科和专业课程。

16.4.2　实施高层次海洋科技人才引进计划

在广东省涉海高等院校、科研院所、企业中建立特色明显、优势突出的院士工作站，发挥院士带动优势团队集聚效应，培养发展本土优秀人才队伍。通过国家"千人计划"、广东省创新科研团队引进计划、广东省领军人才引进计划、院士工作站等，引进世界一流科研创新团队和海洋领域紧缺领军人才。通过创造吸引高层次海洋科技人才的研发氛围、实现高层次海洋科技人才自身价值的研发环境和适当的薪酬刺激等措施，激发高层次海洋科技人才的积极性。创新高层次海洋科技人才引进方式，采用合作、兼职、学术交流等办法，多途径引进高层次海洋科技人才。

16.4.3　持续性供应海洋科技创新人才队伍

设立海洋相关专业及技术学科，成立海洋研究所和相关海洋学会，采用高校与研究机构合作共建的方式，完善海洋科技人才梯队建设以及海洋研究创新团队建设，打造具有全国影响力的科技创新人才队伍高地。对于科研领域，不仅要依靠相关领域的科研工作人员，同时也要注重与社会支持产业的联系以及教育机构和研发团队的融合，以发展海洋教育为重点，形成系统有序的人才培养体系；完善激励机制，做好人才安稳工作；整合多方研发力量，搭建创新合作平台，共享科研成果，促成科研领域的成果爆发。

16.5　加强海洋生态文明建设

16.5.1　协调海洋经济与海洋生态文明建设的关系

在发展海洋经济的过程中，需充分考虑地区环境容量与生态状况，并将海洋生态保护与陆地生态保护共同作为海洋经济发展的前提条件，强调保护优先，提高海洋经济效益、质量，实现海洋经济发展与保护海洋生态环境的平衡。同时，政府需要以海洋生态文明建设的大局为出发点，制定科学合理的政策方案，完善海洋生态建设，努力将海洋健康状态从"亚健康"提升至"健康"。政府需要从建立健全法律法规、改革体制机制等方面入手，构建系统完整的海洋生态文明制度体系。

16.5.2　协调海洋科研与海洋生态文明建设的关系

海洋科研能力对海洋生态文明建设有着不可忽视的作用，想要进一步提升海洋生态文明建设水平，则需利用好本地区的海洋类高校、海洋类研究所以及海洋类机构企业资源，完善产学研链条，政府应填补海洋科研领域的政策法规空白，切实成为海洋科研领域强大的后盾，提出广东省关于海洋生态文明建设的思路和对策，以海洋科研促进海洋生态文明建设，为海洋生态环境保护提供技术和手段支撑。

16.5.3　协调海洋生态文明建设过程中的其他关系

海洋各方面的发展离不开人与社会的进步，而人类的需求利用与海洋生态系统之间的矛盾将日益凸显，通过人海和谐的价值观念来协调海洋生态文明建设过程中的其他关系，将海洋生态文明建设贯穿经济、社会、文化的各个领域。紧紧围绕着我国现阶段新的社会主要矛盾，处理好海洋生态文明建设与其他各个方面的关系，尽早实现海洋生态文明建设水平飞跃，将我国打造成"蓝色海洋大国""绿色海洋大国"。

16.6　本章小结

本章结合广东省主要沿海城市海洋经济高质量发展的经验和方式，总结出海洋经济高质量发展的一般路径，包括海洋产业、海洋创新、海洋人才、海洋生态等方面的一些经验做法，为全国其他沿海省份发展海洋经济、实现海洋经济高质量发展提供很好的借鉴。

广东省主要沿海城市海洋经济高质量发展的具体路径

17.1 深圳市海洋经济高质量发展具体路径

17.1.1 开展产业链协同创新

立足深圳市海洋高端装备、电子信息和生物产业优势，着眼创新和高端，以重大需求和核心关键环节为牵引，重点推动海洋高端智能装备和海洋生物产业发展壮大，梳理现代海洋产业相关"产业链+创新链"融合链条。基于深圳市海洋及相关产业发展基础和行业特点，以重点企业和机构为龙头，明确重点发展海洋高端智能装备、海洋电子信息和海洋生物"产业链+创新链+资金链"融合链条。

在海洋高端智能装备方面，深圳市围绕国家海洋开发、海洋防灾减灾及海洋安全需求，重点突破制约我国海洋装备发展的核心关键技术，发展具有自主知识产权的海洋装备，提高海洋装备国产化率。

在海洋生物医药方面，深圳市通过选择竞争力强、显示度高、辐射带动作用明显、对产业发展有重大支撑作用的产品，联合高校科研院所，统筹技术开发，工程化、规模化生产，标准制定，市场应用等环节，支持骨干企业发展成为有国际竞争力和影响力的行业龙头企业，支持中小微企业做强、做大、做精。

17.1.2 开展产业孵化集聚创新

利用自身的市场配置能力，深圳市建设海洋高端智能装备和海洋生物成果孵化基地，重点将国家已经验收的海洋高技术成果引入深圳进行转化和产业化，打造国家级海洋科技成果转化基地，加快形成深圳海洋高端智能装备和海洋生物产业集群。

建立国际海工高端装备总部集聚区，大力引进海洋产业世界 500 强企业的区域和国际总部。集聚深港产业的力量，推动海洋高端服务业聚集区建设；加快引进中船重工、三一重工等大型海工企业，建设区域总部和研发总部。在深圳前海、蛇口和后海规划大型海洋企业总部区，集聚国际海洋高端资源要素，形成具有全国影响力的国际海工高端装备总部集聚区。

建设国家级海洋高技术成果转化载体，重点对接 863 科技项目名单，选择条件较为成熟的项目落地深圳，通过产业链协同创新，加快形成产业集群；加快筹建海洋产业投资发展基金，为孵化项目和企业提供支持；推动深圳市中小型精密制造企业、软件编程企业与之配套并形成上下游关系，迅速形成产业集群。积极引入水上飞机项目落地深圳，依托深圳市有关机构开发全潜式水下挖泥作业机械人、半潜式水面清污机械人等用于海洋作业的智能设备。

建设海洋装备检测试验基地，积极筹建深圳深海海洋工程装备配套试验基地，优先启动深海海洋工程装备配套试验平台等重大项目，推动包括陆上基地、测试母船、海上试验场在内的各项目前期工作，建设华南地区第一个高端海工装备试验平台，并以此为基础打造新型的国家级海试基地——深圳临海海洋工程基地，建设国家深海（深圳）产业成果转化、育成基地，提高我国海工装备重要配套设备的国产化程度和科技水平。

17.1.3 建立多元化投融资体系

发挥金融资本和产业资金助推器作用，深圳市综合运用直接补贴、贷款贴息、事后奖励、以奖代补、股权投资、融资担保、风险补偿等多元化扶持方式支持海洋产业创新，让更多的信贷资金流向海洋领域，形成资金聚集的"洼地效应"，进而推动深圳市海洋经济发展提质增效。

建立由银行、创业投资、产权交易、证券、法律、财务等机构组成的海洋产业投融资体系，深圳市积极推进海洋知识产权质押融资、产业链融资、海域使用权质押贷款等金融产品创新，开发海洋知识产权交易品种，推动海洋知识产权资本化、产业化。

开展多渠道融资方式。深圳市制定企业贷款担保风险补偿机制，鼓励银行、保险和担保机构对海洋产业提供贷款、保险和担保等金融服务。支持涉海企业利用资本市场融资、开展与涉海企业联合发行企业债券试点，通过前海跨境贷在香港人民币市场进行融资。

17.1.4　塑造国际化海洋创新创业环境

形成服务创客创业的良好氛围，聚焦创客需求，在发展空间、资金扶持、技术支撑、公共服务等方面，制定形式多样、机制灵活、更具吸引力的多层次政策措施，发挥基础优势，利用制造业雄厚和产业链齐全的条件，集聚整合全球创客创新资源，打造国际性活动品牌，宣传创客精神，加大国内外创客人才引进力度，努力打造交流广泛、活动集聚、资源丰富、成果众多、创业活跃的国际创客中心，塑造深圳市国际化海洋创新创业的良好环境。

在全球海洋创新发展和海洋产业竞争中，将深圳市打造为全球创新网络的重要枢纽和国际性重大科学发展、原创技术与高新科技产业的重要策源地之一，形成具有全球影响力的海洋科技创新中心城市。推进海洋科技金融创新发展，以资金链服务创新链、资金链、产业链，协同各类金融工具支持深圳市海洋创新发展。准确把握海洋创新创业演进规律、企业成长规律、资本市场自身规律，推动深圳前海探索开放创新的海洋科技金融体制。

17.1.5　促进海洋产业绿色化发展

开展深圳湾、前海湾环境综合整治，推动红树林生态修复工程和小铲岛等生态管护工程，建设珊瑚保育区。加强湾区重点生态节点的环境治理和生态修复，推进海岸线生态景观林带建设，提升自然岸线保有率。释放更多滨海公共空间，美化湾区生态和人文景观，实现海滨栈道、都市绿道、海滨公园等相互贯通，打造人与自然和谐共处的高品质滨海生态空间。

推广海洋公共资源、准公共资源市场化开发运营。以深圳华侨城湿地为样板，推广以企业为主体的海洋公共资源委托经营模式，形成国家、城市、企业、社会多方投入的海洋公共资源投入机制。总结深圳海上运动基地暨航海运动学校运营权竞价拍卖经验，探索准公共产品的市场化运作模式，制定合理的项目投资回报机制，形成一批有稳定、合理回报率的海洋公益性项目，引入有 BOT、BT、TOT 经验的企业参与建设开发。

17.2 珠海市海洋经济高质量发展具体路径

17.2.1 与国家意志契合的发展定位

围绕珠海作为珠江西岸核心城市这一战略定位，服务"21 世纪海上丝绸之路"倡议和国家发展海洋经济、南海开发、创新驱动和自贸区建设等战略，拓展蓝色经济空间，进一步解放思想，先行先试，深化开放层次，转变海洋经济发展方式，合理利用海洋资源，大力发展海洋产业，优化海洋产业布局，促进海洋产业转型升级，有效保护海洋环境，打造具有领先水平的"蓝色产业带"和科学发展的"海洋经济强市"。

珠海作为珠江西岸先进装备制造产业带"龙头"，最新获批的珠海西部生态新区成为珠海高端装备制造发展的重要载体。横琴自贸试验片区、粤港澳金融合作创新实验区等获批建设，港珠澳创新湾区理念取得更多共识，为珠海实施创新驱动发展战略、建立开放型的区域创新体系提供了更多新的机遇。珠海市发展海洋工程装备制造业既是顺应时代潮流，也是当下最佳选择，珠海市应抓住国家重大战略机遇，深挖政策红利，加快培育船舶与海洋工程装备等沿海沿江先进装备制造业。

17.2.2 构建企业导向的体制机制

引导因地制宜地发展海洋高新技术企业，珠海市立足现有基础，突出优势，发展海洋优势产业，以基础设施、服务设施、产业带建设为保障，不断延伸和完善产业链，在更高层面、更高质量、更高水平上促进珠海市海洋高新技术的快速发展。坚持政策联动、区位协同，通过多部门合作，重点发展海洋高新技术企业，出台相关优惠措施、完善现有政策制度，引导企业向海洋工程装备制造业发展，减少企业进入障碍；同时也要注意完善相关准则，确保海洋高新技术企业高质量的发展。珠海市应循序渐进，不急功近利，以供给侧结构性改革为契机，把握市场动态，找准发力点。

营造社会海洋经济创新发展氛围，珠海市引导海洋发展向创新靠拢，紧扣经济社会发展需求，让创新真正落实到创造新的增长点上。充分发挥市场在资源要素配置中的决定性作用，强化政府在统筹规划、政策支持、营造环境、优化服务方面的引导、推动和保障作用。充分调动社会各界力量，培育海洋经济创新氛围，积极推动创新链、产业链、资金链"三链"融合，促进多主体协同创新。发挥珠海国家自主创新示范区和横琴自贸片区联动作用，整合全社会资源，以科技创新为核心，统筹推进制度创新、管理创新、开放创新等全面创新。

17.2.3 发展海洋战略性新兴产业

结合珠海市海洋经济发展"十三五"规划与珠海市先进装备制造业发展"十三五"规划，遵循的"一二三四"的总体思路，即以软带硬、以硬促软"一条主线"，快产业、慢产业"双擎并举"，工作母机、装备产品、系统集成"三位一体"，技术创新、智能制造、精准招商、人才培养"四轮驱动"，着力完善专业配套，着力加强生态环境建设，着力加强改革创新，着力推动先进装备制造业发展。在海洋工程装备领域，珠海以中海油深海重工为龙头，以高栏亿吨大港为支撑，三一海洋重工、瓦锡兰船舶动力、巨涛油气装备、珠江钢管等一大批关联企业形成了上下游配套齐全、技术先进的全产业链发展。

实施"海洋强国"和"南海大开发"战略，船舶与海洋工程装备制造业是基础和关键。珠海市基于环境培育、技术培育、发展海洋战略性新兴产业等手段和方法，提高总体海洋经济创新发展水平。其中，环境培育依靠相关政策与机制联动支持，确保在制度层面建设海洋经济创新平台；技术培育力求在思维、技术、人才上有所创新，活跃创新氛围、提高技术核心含量、打造成熟的人才培养体系。两环促进加上珠海市对高端装备制造业的大力扶持，继而促进珠海市海洋工程装备制造产业发展，最终谋求整体海洋经济创新能力的提升。

17.2.4 打造临海航空产业园区

推动临海航空产业园区建设，主要是充分发挥珠海市较好的装备制造产业基础，重点发展大型海洋工程装备产业。珠海市是广东省唯一拥有航空产业园区的城市，在航空航天领域，珠海航空产业园集聚了中航通飞、德国摩天宇发动机维修、国家级航空标准件集成供应基地第三方检测中心、亚洲最大的南航翔翼飞行训练中心、中航爱飞客航空俱乐部等企业。珠海航空产业园核心区，充分依托珠海机场及跑道周边丰富的土地资源、良好的净空资源、畅顺的海陆空交通资源，大力发展航空制造、航空维修、航空物流、飞行培训及展示等龙头项目，并以此带动其他配套项目产业链的落户，形成航空产业集聚。

充分发挥临港临海优势，进一步调整和完善产业布局，使发展航空制造业乃至海洋工程装备制造业的各类生产要素向港口和海湾集中，围绕大型装备制造、大件下海和海洋工程等形成区域特色产业集群，加快建设临港临海先进装备制造业聚集区，打造具有国际竞争力的世界级临海航空产业园区；瞄准世界500强企业、跨国公司、央企和大型民企，高密度开展专业化、精准化招商，推进工程装备产业链"强链""补链"，形成"海陆空"集聚的发展新格局。

17.3 湛江市海洋经济高质量发展具体路径

17.3.1 科学推进高质量发展环境评估工作

了解高质量发展需求，制定生态需求目标对于湛江市海洋经济高质量发展的阶段性特征来说，属于生态位培育的准备期，针对发展需求的不同，相关的管理体制以及政策扶持方向都应有所变化，以便更好地适应在不同发展阶段中，湛江市海洋经济高质量发展需求中的特殊差异。湛江市海洋经济高质量发展的关键在于为新技术、新发展模式的发展构建保护空间，从而使得新技术、新发展模式能在这个空间中高效且快速地完成突破与成果转化工作。在构建保护空间之前，政府应对新技术、新发展模式的需求进行调研评估，制定符合湛江市海洋经济高质量发展特点的环境需求目标以及技术生态位培育愿景，这是系统全面实现海洋经济创新发展的重要基础。

为了保证湛江市海洋经济高质量发展的可持续性，政府加大资源消耗变化的监测力度。有些涉海企业能依靠资源的消耗迅速引导整个海洋经济的发展方向，因而对资源消耗大的发展模式进行及时的遏止，对资源消耗小的发展模式及涉海企业加大支持力度，并构建生态保护空间，即为其提供在节约资源基础上的容错空间，保证新的发展模式在一个相对稳定的环境中顺利跃迁至技术生态位培育阶段。针对湛江市海洋资源相对较丰富的特点，相比于通过市场的竞争调节而言，政府主动对资源的消耗能力进行动态监测能为新发展模式提供更大的支持。

17.3.2 探索海洋科技创新发展的实现步骤

健全创新体制机制，完善生态保护布局。在技术培育成熟后，新技术和新发展模式进入政策培育过程，在此过程中，湛江市政府针对优势创新技术制定一系列保护支持政策，让新技术和新发展模式摆脱单纯依靠市场机制的调节作用，引入支持性政策进一步促使其快速成长。

兼顾政策引领和市场调节双重机制，湛江市政府首先根据环境需求、技术需求选择优势产业和发展方向，其次利用市场需求筛选出具有良好发展前景的创新企业和创新发展方式，最后通过政府健全和完善创新体制机制的做法来重点扶持其快速发展。但进行政策培育不能一概而论，必须针对产业及发展模式的不同特点，拓展政策保护的方式方法，为新技术、新发展模式进行发展跃迁提供更多的机会。

17.3.3 促进形成发展成果社会化共享机制

为了能将湛江市海洋经济高质量发展的成果经验惠及更多主体，湛江市政府应建立创新共享平台，同时引入信用信息机制，这样不仅能避免共享网络中的主体出现机会投机主义行为，而且能有效降低信息不对称问题，提高成功经验的共享性与普及性。湛江市实现海洋经济高质量发展的最终目的不是仅仅为了拉动湛江市自身的海洋经济水平，而是能以自身为出发点，让更多的产业主体乃至其他沿海城市享受到创新发展所带来的红利。

湛江市海洋经济发展正从"临界状态"向"亚健康状态"转变，这就是湛江市海洋经济高质量发展过程中的个性；注重控制资源利用程度、提高工业废水排放达标率等，则是实现海洋经济高质量发展过程中的共性。如果挖掘出的发展共性越多，经验的可供应用的面越广，那么湛江市海洋经济高质量发展的影响度也就越大，这样不仅能为湛江市实现经济更进一步的发展提供更多的外部机会，也能为更多的沿海城市带来更多的经验借鉴。

17.3.4 巩固和保护知识产权创新发展成果

形成海洋经济高质量发展社会化网络的过程不是一蹴而就的，这不仅需要新理论、新技术的支撑，还需要在离开技术培育、政策培育保护后，组织起对应的全生产链条和政产学研协同创新平台，保持自主创新成果的流通顺畅性和高效性，逐步巩固和保护与海洋经济高质量发展相关的知识产权创新发展成果。

鉴于新发展模式的共享性和衍生性，海洋经济高质量发展产生的外部经济效应，因此需要政府、企业及科研院校加大知识产业保护力度，完善知识产权保护的体制机制，动态监测创新成果实施运用情况，这不仅能够有效提升湛江市海洋经济高质量发展相关知识产权创新成果的普及率，更能够提升模式发展的创新知识扩散效应以及经济关联效应。

17.4 汕头市海洋经济高质量发展具体路径

17.4.1 发展海洋服务业

在海洋文化产业方面，汕头市利用"21世纪海上丝绸之路"平台，发掘、传承和发扬以"海上丝绸之路"为代表的妈祖文化和海洋商业文化等传统海洋文化，同时以此为依托，积极开发相关文化产品，通过各种形式来弘扬传统文化，推动海洋文化与海洋休闲旅游、海洋创意设计等行业的融合，推动海洋文化产业集群式发展。

在海洋滨海业方面，汕头市构建了一批极具特色和特点的国际滨海旅游目的地，打开了高端海洋旅游品牌的新大门，建造了多种类的海洋主题公园，培育了具有国际性的精品旅游品牌；同时创新滨海观光、生态休闲等模式，重点发展南澳岛等群岛的滨海旅游业，培育游艇旅游的大众消费市场，鼓励发展适合大众消费水平的大中型游艇，此外可以发展游艇培训、游艇消费等专业服务，以此带动旅游业的发展。

17.4.2 实施"美丽海湾"建设工程

通过科学评估主要河口和海湾重点海域环境容量，汕头市开展海洋生态修复，减少淤积、加强水动力、控制污染、改善水环境、提高生物多样性。建设"美丽海湾"和海洋生态文明示范区，继续推动各地开展港湾整治和生态修复，重点推动新建一批红树林湿地公园。

实施海上污染物治理工程。汕头市加强河口入海污染物总量研究，开展重点港口和渔港环境整治，严格控制石油类污染物排放，强化港口污水处理与回用，集中处理港口、航道、船舶、海洋工程等的海上污染物。严格执行禁渔、休渔制度，推动以人工鱼礁为主要内容的海洋牧场建设，加强对浅海海域重要海洋生物繁殖场、索饵场、越冬场、洄游通道和栖息地的保护。

17.4.3 提升自主创新研发能力

通过提升自主创新研发能力，结合政策体制的支持、政产学研的合作、资源环境的保护，高质量地提高汕头市海洋经济的发展效率。从可持续发展的视角出发，以发展路径为导向是实现自主创新能力提升的关键，同时也是海洋经济高质量发展的重点。通过调整汕头市海洋经济高质量发展运作空间、整合由政府、企业与政策组成的全方位合作平台，继而产生"1+1>2"的共生效应。

汕头市海洋经济高质量发展的跃迁，本质上就是由新技术、新产业成长到社会体制的健全，最后融入社会大环境，形成可持续性的创新势头这一过程。汕头市积极实施创新驱动战略，紧密契合国家的各项发展理念，加快推动海洋经济高质量发展建设战略性提升，这不仅关乎汕头市各方面的发展，还关乎广东省乃至全国的发展。

17.5　本章小结

　　本章分析包括深圳、珠海、湛江、汕头等在内的广东省主要沿海城市，关于海洋经济高质量发展的具体实现路径。结合上述广东省主要沿海城市海洋经济发展情况，以更加直观的方式展示了实现海洋经济高质量发展的具体路径，对广东省其他沿海城市未来实现海洋经济高质量发展具有重要的借鉴意义。

加快广东省海洋经济高质量发展的政策建议

18.1 坚持陆域海域统筹发展，优化海洋经济空间布局

18.1.1 加快涉海产业融合发展，坚持陆域海域统筹发展

以陆域产业与海洋产业对接为基础，综合考虑海岸自然特征、空间潜力、功能区划、生态保护等影响要素，积极加快发展海洋装备制造、临海港口运输、滨海休闲旅游等海洋战略性新兴产业，形成海洋战略性新兴产业全产业链，通过产业融合发展的方式，有效提高陆域海域统筹发展水平、效果。加快完善海洋经济圈互动协作机制，充分发挥空间溢出效应。通过海洋经济圈内重点沿海城市带动周边区域及圈层，在海洋科技研发、海洋资源配置、海洋管理制度等方面协同演化与深度融合。以基础设施联动构建海洋经济网络，通过海洋产业的分工与协作，实现海洋经济发展统筹规划，从而形成广东省海洋经济发展的新战略格局。打造海洋产业联动机制，促进海洋经济区域协同发展。

18.1.2 推进海洋资源开发利用，优化海洋经济空间布局

在开展海洋生产活动、推进海洋事业过程中，坚持合法、合理、科学原则，加大对海岸、海岛等近海资源的开发利用，丰富海洋资源利用手段、途径，优化海洋经济空间布局转向立体开发、综合开发，借助各类近海、深海勘探装备和工具，积极探索与开发各类近海、深海资源。从近海到深海，均衡海洋资源开发利用。各沿海省份应在开展海洋活动、推进海洋事业过程中，坚持合法、合理、科学原则，加大海岸、海岛等近海资源

的开发利用,将海岸生态修复工程与滨海旅游产业相结合。海岸修复项目应该要结合海岸自然特征,以海岸空间养护、海岸自然景观恢复等为主,在修复生态环境的同时,提升旅游休闲功能。在深海资源方面,应该加大海洋资源开发技术研发投入力度,从单项开发转向立体开发、综合开发,丰富海洋资源利用手段、途径;从近海走向深海,通过借助深海勘探装备和工具,积极探索与开发各类深海资源。

18.1.3 积极探索"多规合一",优化海洋空间规划体系

广东省政府相关涉海部门应该扮演"多规合一"的主导角色,制定、落实海洋区划配套支持制度,依靠政策工具和手段,积极对各类社会力量的涉海活动进行引导。"多规合一"的探索应该从省级规划试点展开,这样既能够将国家宏观规划具体化,又能够指导、监督基层规划,将各类海洋规划向基层推进。优化海洋空间规划体系,应该厘清海洋空间规划层级、主体之间关系,应该坚持海洋生态红线不动摇,通过上位规划指导下位规划,构建一个"多规合一"的海洋空间规划体系。

18.2 加大海洋科技创新投入,注重创新成果转化应用

18.2.1 落实财政专项资金支持,加大海洋科技创新投入

围绕海洋基础设施、海洋前沿技术、海洋勘探设备、海洋监控系统等重点研发领域,设立海洋科技财政专项资金,由广东省财政直接支出、管理、监督和审计,为海洋科技创新研发工程、项目,引进和提供所需的研发设备,加大对海洋科技研发的资金投入、设备支持和设施保障。海洋科技创新是广东省海洋经济高质量发展的重要战略支撑点,围绕重大海洋科研设施建设、重大海洋基础研究和前沿海洋技术开发等重点研究领域,设立海洋科技研发专项。针对不同的海洋科技研发专项,提供所需的研发设备和条件,加大海洋科技研发支持和保障。

18.2.2 搭建科技成果转化平台,注重创新成果转化应用

通过搭建各类海洋科技成果转化平台,鼓励企业、高校、社会团体等

积极参与，形成"产学研"协同多元化海洋科技应用主体，完善广东省海洋科技研发、转化与应用体系，推动宣传、推广、应用手段和途径的有效创新，优化规模效率，提高海洋科技创新规模化水平，针对海洋科技战略要求和市场需求，为海洋经济注入新的活力。对于重大海洋科研项目进行重点科研经费扶持，出台鼓励金融机构提供海洋科研贷款的激励政策；设立海洋科技创新专项资金，制定合理的海洋科技创新长期发展规划。通过提高海洋科技活动管理水平、积累改进海洋科技知识等方式提高海洋科技规模化水平，同时，有效提高海洋科研机构规模，积极探索企业、科研机构联合研发新形式，推动建立产业创新战略联盟；通过获得先进管理模式和高质量人力资本，推动海洋科技生产要素、资源优化，为优化海洋科技创新规模效率创造有利条件。

18.2.3　加强规范、监督和引导，完善海洋创新支撑体系

政府作为海洋科技创新的有力推动者，对海洋科技创新发挥着重要的影响作用，通过提高政府自身的管理水平与丰富管理方法，发挥政府的规范、监督和引导作用，完善海洋创新支撑体系。在政策制定方面，规范海洋科技成果转化过程，出台专利保护政策；在人才培养方面，引导海洋科技人才培养工作的开展，支持地方院校结合自身特点和优势，大力发展海洋科技教育事业，构建多元化海洋科技人才培养体系，创新产学研合作模式，积极引进、培养海洋科技人才，积极打造海洋科技人才高地。通过加强政府在政策制定和人才培养方面的规范、监督和引导作用，为海洋科技创新提供良好的政策环境和人才保障，完善海洋创新支撑体系。

18.3　重点培育海洋新兴产业，完善现代海洋产业体系

18.3.1　优化资源要素市场配置，重点培育海洋新兴产业

发挥市场决定性作用，优化海洋资源要素市场配置，在培育海洋新兴产业的过程中涉及资本、人才等多领域的要素配置，需要建立海洋资本资金、海洋科技知识产权、海洋人力资源等专业化海洋资源要素配置市场，

比如海洋资本资金市场、海洋科技知识产权市场和海洋人力资源市场，通过发挥市场在海洋资源要素配置中的决定性作用，有效发展海洋资源要素市场，从根本上转变海洋新兴产业获取资源要素的配置方式和手段。同时，培育海洋高新技术产业有利于从根本上转变海洋经济发展方式，进而构建和完善广东省海洋高新技术集成创新体系，为广东省海洋高新技术研发与应用提供良好的市场环境。

18.3.2　促进海洋产业结构调整，完善现代海洋产业体系

逐步减少对传统海洋产业的依赖，依托广东省海洋制造业基础、先进海洋前沿技术和海洋公共服务能力，构建和完善以现代海洋产业为核心的海洋产业体系，推动现代海洋产业体系的构建进程。立足海洋资源优势和海洋开发、利用的实际需要，依托各沿海省份的制造业基础和先进的科学技术，构建以现代海洋产业为核心的海洋产业体系。通过培育和发展现代海洋产业，逐步减少经济增长对传统海洋产业的依赖，使现代海洋产业成为海洋产业体系中的支柱；通过稳步优化第一产业、大力支持第二产业和重点发展第三产业的方法，加大第三产业比重，实现海洋产业结构调整和优化，推动现代海洋产业体系的构建进程，有效缓解海洋资源环境压力。

18.3.3　创新驱动海洋经济发展，打造海洋特色产业集群

各涉海主体应该通过推动海洋科技研发、体制机制、管理制度等方面的有效创新，为海洋经济注入新的活力。广东省的相关涉海部门、涉海企业应该加大科技研发投入，针对战略要求和市场需求，建设和发展一批重点海洋高新技术产业，打造海洋特色产业集群。一方面，广东省应该加快海洋经济三大产业协同发展，打造国际一流的海洋服务业基地；另一方面，广东省需要根据地方资源禀赋情况，打造海洋装备制造、海洋生物制药、滨海旅游等特色产业集群，形成较为完备的现代海洋产业组织和分工体系。

18.4　落实重大海洋生态工程，推动海洋生态文明建设

18.4.1　构建海洋环境治理体系，落实重大海洋生态工程

建立涵盖海洋生态监控管控机制、海水污染治理协调机制等在内的海

洋环境治理体系，强调系统修复与综合治理相结合，统筹考虑各类生态要素和各地实际情况，通过建设"海洋生态文明示范区"和打造"美丽海湾"等一系列重大海洋生态工程，改善海洋环境质量，确保对海洋环境进行全方位、全过程保护。转变传统海洋经济发展观念，推动海洋生态文明建设。改善海洋经济与海洋环境的耦合协调关系，将新发展理念作为海洋经济发展的重要指导思想之一，在关心海洋、认识海洋、经略海洋的具体活动中体现新发展理念、贯彻新发展理念，提高海洋生态文明理念意识。

18.4.2 引导推动海洋生态产业，促使海洋产业转型升级

在选择、培育和发展海洋产业过程中，要引入生态化发展方式，积极引导推动海洋生态产业，促使海洋产业转型升级。首先，推动海洋生态产业意味着在海洋产业选择过程中，体现出生态化发展原则。推动海洋生态产业要求选择可持续、高效、环境友好型的海洋产业，不能再发展对海洋生态环境造成严重破坏的传统海洋产业。其次，推动海洋生态产业要求在海洋产业培育过程中，采取生态化发展方式。推动海洋生态产业会促使低效、高污染、粗放型的传统海洋产业进行转型升级。最后，推动海洋生态产业需要在海洋产业发展过程中，遵循生态化发展规律。推动海洋生态产业不仅要求构建低能耗、高效率的海洋产业生态体系，而且还强调在关注海洋经济效益的同时，也要注重海洋生态效益，推动两者协调发展。

18.4.3 落实、贯彻新发展理念，转变传统海洋经济观念

落实新发展理念，需要将新发展理念作为关心海洋、认识海洋、经略海洋的重要指导思想之一，在海洋开发和利用的具体活动中体现新发展理念、贯彻新发展理念，促进海洋经济高质量发展。在新发展理念的引领下，关心海洋，提高海洋生态文明意识。通过转变传统的海洋经济发展观念，增强责任意识，在海洋开发和利用的活动中，意识到海洋生态环境对人类的重要性；在新发展理念的带动下，认识海洋，实施海洋生态文明措施。通过建设海洋生态文明示范区、提高海洋综合管控能力等，在实际的海洋开发和利用具体活动中以实际行动提升海洋生态文明的水平；在新发展理念的指导下，经略海洋，制定海洋生态文明制度。通过制定与完善海洋开发和利用的相关制度条例，发挥海洋生态文明制度的规范作用。从

"蓝色经济"转向"绿色经济",从"高速增长"转向"高质量发展",以海洋生态文明建设作为海洋工作的重要抓手,改善海洋经济与海洋生态环境的耦合协调关系,促进海洋经济高质量发展,实现建设海洋强国战略目标。

18.5 强调创新驱动质效结合,促进"海洋强省"战略实施

18.5.1 改善创新驱动制度环境,强调创新驱动质效结合

通过推动海洋科技研发、管理体制机制等方面的有效创新,改善海洋创新驱动制度环境,为海洋经济注入新的活力;强调创新驱动质量和效益结合,建立科学的海洋创新驱动绩效评价体系;对海洋创新驱动质量水平进行及时评价,结合海洋创新驱动效益效果,对海洋创新驱动政策、制度等进行合理调整与反馈。在广东省各沿海城市中,通过制定共同的海洋创新驱动绩效评价体系,从而有效地从整体上评价海洋创新驱动质量水平。强调创新驱动质效结合,优化创新要素区域流动,提高广东省海洋创新驱动整体水平。

18.5.2 吸引多元创新主体参与,促进"海洋强省"战略实施

加强海洋资金经费管理,改善海洋创新驱动制度环境,吸引更多创新主体参与到海洋科技创新中,建立一套科学的海洋资金经费绩效评价体系,对于提高海洋资金经费管理水平有重要作用。通过有效地调动各创新主体积极性,凝聚各创新主体共同目标,从"蓝色经济"转向"绿色经济",从"高速增长"转向"高质量发展",构建"人海和谐"的良好关系。借助创新平台,推进重大涉海项目,从而优化海洋科技人才、设备、资金等资源要素流动。通过优化创新要素区域流动,提高产学研融合创新手段,激发海洋科技创新潜力,加快实现广东省海洋经济高质量发展,推动广东省"海洋强省"战略实施。

18.5.3 改善海洋创新政策效果,提高政策空间影响联系

空间因素对海洋创新政策具有重要影响作用,在制定海洋创新政策

时，不仅需要考虑当地的海洋经济发展水平，也需要充分考虑政策间的空间联系。通过制定整体的海洋创新政策目标，形成跨越广东省不同沿海城市的海洋创新发展模式。同时，由于海洋创新政策涉及政府、企业和公众等多方力量，因此需要丰富海洋创新政策工具，改善海洋创新政策实施效果。运用市场激励型海洋创新政策工具，借助市场机制引导海洋产业发展，促使海洋高新技术企业在成本和收益之间进行自主选择，通过加大对海洋高新技术产业的补贴和扶持，推动海洋产业结构升级。

18.6　本章小结

本章围绕海洋经济空间布局、创新成果转化应用、现代海洋产业体系、海洋生态文明建设、海洋强国战略实施等方面，提出加快广东省海洋经济高质量发展的政策建议，以期能够为广东省政府、相关职能部门在制定海洋经济政策过程中，提供政策支撑和参考。

海洋经济高质量发展的研究展望

19.1　构建海洋经济高质量发展综合评价体系

本书归纳了"创新发展理论""可持续发展理论"等相关理论的发展、观点和应用，以相关理论内容作为模型评价指标的选取依据，构建海洋经济高质量发展"投入—产出"评价指标体系。

然而，随着相关研究逐步从基础理论过渡到实践分析，如何构建统一指标框架下，涵盖长期、中期和宏观、微观等多层次海洋经济高质量发展综合评价体系？如何在各沿海省份海洋经济发展阶段不同的背景下，形成具有普遍适用性的海洋经济高质量发展综合评价体系？

由于海洋经济高质量发展评价体系直接指导海洋经济发展的实践工作，因此亟待构建海洋经济高质量发展综合评价体系，从而科学衡量我国整体、各沿海省份的海洋经济高质量发展阶段。

19.2　构造海洋经济高质量发展政策检验工具

本书基于定性分析的研究方法，依据政策文本和政策成果进行评价，通过广东省海洋经济高质量发展的政策文本材料、广东省海洋经济高质量发展的政策成果情况，对广东省海洋经济高质量发展的相关政策进行合理评价。

然而，随着资源要素禀赋和经济发展差异程度的提高，如何构造海洋经济高质量发展政策检验工具？如何从定量分析的角度，选择合适的政策检验方法，对海洋经济高质量发展政策效果进行检验？如何基于政策检验结果，对海洋经济高质量发展政策进行调整？

由于不同沿海区域海洋经济政策的制定条件、实施情况不同，因此亟待构造海洋经济高质量发展政策检验工具，对海洋经济高质量发展政策效果进行合理的分析，从而不断提高海洋经济高质量发展的政策制定、实施水平。

19.3 构思海洋经济高质量发展具体实现步骤

本书发现广东省已经基本完成海洋经济高质量发展"三步走"战略的前两步，目前正在加快战略进程，以期进入创新引领型、质量效益型转变的关键时期，实现从"海洋大省"向"海洋强省"的历史性转变，加快推进海洋经济高质量发展。

然而，随着海洋经济发展进程的不断深入，如何构思海洋经济高质量发展具体实现步骤？如何设定海洋经济高质量发展在不同战略发展阶段的具体步骤目标？如何运用宏观、微观手段和方法科学合理地完成海洋经济高质量发展具体实现步骤？

由于不同沿海地区采取的海洋经济发展战略不同，所处的战略发展阶段也不同，因此，亟待构思海洋经济高质量发展具体实现步骤，依据海洋经济发展战略的方针路线、具体目标和实际要求，科学制定、论证海洋经济高质量发展具体实现步骤，从而有序、高效地推进我国实现海洋经济高质量发展的战略进程。

19.4 本章小结

本章结合全书的研究内容，对海洋经济高质量发展提出研究展望，以期在海洋经济高质量发展综合评价体系、政策检验工具和具体实现步骤等领域，取得更大的研究成果。希望今后从事海洋经济高质量发展相关领域研究工作的专家、学者能够关注更为广阔的领域，共同推进我国从"蓝色经济"转向"绿色经济"，从"高速增长"转向"高质量发展"，加快海洋经济高质量发展，实现建设海洋强国的战略目标。

重要术语索引表